DESIGN
AND
EXPRESSION

设计与表达

Sketching Expression

手绘表现

刘 宇 等 编著

Liaoning Fine Arts Publishing House

辽宁美术出版社

图书在版编目（ＣＩＰ）数据

手绘表现 ／ 刘宇等编著. —— 沈阳：辽宁美术出版
社，2014.2
　　（设计与表达）
　　ISBN 978-7-5314-5713-8

　　Ⅰ．①手… Ⅱ．①刘… Ⅲ．①建筑艺术-绘画技法-
高等学校-教材 Ⅳ．①TU204

中国版本图书馆CIP数据核字（2014）第024973号

出 版 者：辽宁美术出版社
地　　　址：沈阳市和平区民族北街29号　邮编：110001
发 行 者：辽宁美术出版社
印 刷 者：沈阳新华印刷厂
开　　　本：889mm×1194mm　1/16
印　　　张：19.25
字　　　数：340千字
出版时间：2014年2月第1版
印刷时间：2014年2月第1次印刷
责任编辑：洪小冬　王　楠
装帧设计：范文南　洪小冬
技术编辑：鲁　浪
责任校对：徐丽娟
ISBN 978-7-5314-5713-8

定　　　价：203.00元

邮购部电话：024-83833008
E-mail：lnmscbs@163.com
http://www.lnmscbs.com
图书如有印装质量问题请与出版部联系调换
出版部电话：024-23835227

CONTENTS

设计是把一种计划、规划、设想通过视觉的形式传达出来的活动过程，是一种为构建有意义的秩序而付出的有意识的努力。最简单的关于设计的定义就是"一种有目的的创作行为"。而将艺术的形式美感应用于日常生活紧密相关的设计中，就是艺术设计。艺术设计不但具有审美功能，还具有实用功能。换句话说，艺术设计首先是为人服务的，是发展过程中物质功能与精神功能的完美结合，是现代化进程中的必然产物。

近年来，中国艺术设计领域在不断演化、更新，融合了更多的新学科、新概念，艺术设计教学也在不断开拓、不断细化、不断整合。其门类从传统的建筑设计（包含环境艺术设计）、工业产品设计、视觉传达设计、服装设计延展到室内设计、广告设计、动画设计、信息设计、多媒体设计等诸多方面。可说是大到空间环境，小到衣食住行。

艺术设计贵在表达，也就是创造活动与实践。这是设计者自身综合素质（如表现能力、感知能力、想象能力）的体现。当今，科技的发展给艺术设计提供了更多的辅助手段，电脑设计图示表达与传统的手绘表现相比显得更加精确和系统化，以至很多设计师越来越依赖电脑的操作而忽略了手绘的方式。但是，作为一名优秀的设计师，手绘表现又是一种必须掌握的绘画语言，设计师如果没有好的绘画基本功，就不可能画出好的构思草图，就不可能完整地表达出自己的设计理念。

基于对艺术设计与设计表达的认识，为适应普通高等院校艺术专业教育发展的需要和社会人员对艺术学习和欣赏的需求，我们组织编辑了《设计与表达》丛书。这套《设计与表达》丛书汇集了十几位中国顶尖高校设计精英从现实出发整理出的具有前瞻性的教学研究成果，是开设设计学科院校不可或缺的教学参考书籍。

本丛书涵盖了艺术设计的主要门类，重点讲述了设计理念、创意思维、设计要素、设计方法及表现特点，其中手绘表现内容占据较大的比重。本丛书共由 16 种书组成，具体书目主要有：《产品设计》《服装设计》《建筑风景》《建筑设计》《景观设计》《设计思维与徒手表现》《室内设计》《手绘设计》《手绘 POP 设计与应用》《手绘 POP 插图设计》《手绘 POP 字体设计》等。

本丛书最大的特点是结合基础理论，深入浅出地讲解，并采用了大量的优秀设计案例，是为学习艺术设计专业需要所配备的图书。

Design is a kind of active process in which planning, programming and conceiving are conveyed through visual forms. It refers to the efforts consciously paid out for the establishment of a meaningful order. The simplest definition for design is a purposeful creative act, while the application of the modality aesthetics of art into the design closely related to daily life can be called art design. Art design has not only aesthetic function, but also has practical function. In other words, art design firstly serves people and it is a perfect combination of physical and mental functions in the development process as well as the inevitable product of the modernization.

In recent years, the art design field in China has been evolving and updating, and it has integrated more new disciplines and new concepts. Art design education has also been constantly developed, refined and integrated. Its categories have extended from the traditional architectural design (including environmental art design), industrial product design, visual communication design and costume design to indoor design, advertising design, animation design, information design and multimedia design and so on, which means it includes the aspects from basic necessities of life to the space environment.

Art design should lay emphasis on the way of expression, i.e. the creative activity and practice and it reflects the comprehensive quality of a designer (such as performance ability, perception ability and imagination ability). Today, technological development provides art design with more aids. Compared with the traditional hand-drawn presentation, computer design graphical representation is more precise and systematic so that many designers increasingly rely on computer operation more and more but neglect the hand-drawn. However, as a good designer, hand-drawn performance is a drawing language that must be mastered. Without good basic skill of drawing, it is impossible for the designer to draw good idea sketches and to fully express their design concept.

Based on the knowledge about art design and design expression as well as to adapt to the need for the art education development of ordinary colleges and the learning and appreciation of social workers, we compiled *Design and Expression* series. This *Design and Expression* series collects the prospective teaching research results that a dozen top design elites of universities in China started and arranged from the reality, and they are indispensable teaching reference books for the establishment of design discipline in college.

The series covers the major categories of art design and focuses on relating the design concepts, creative thoughts, design elements, design methods and performance features, in which hand-drawn representation content occupies a larger proportion. This series is composed of 16 kinds of books, which are: *Product Design, Clothing Designing, Architecture Scenery, Architectural Design, Landscape Design, Design and Expression, Indoor Design, Sketching Expression, Design and Application of POP Sketching, The Design of POP Sketching Figure and Design of Sketching POP Font,* etc.

The greatest feature of this series is that it combines with basic theory, explains profound theories in simple language and adopts a large number of excellent design cases. This series is designed for the major of art design.

DESIGN
AND EXPRESSION

01

草图方案表现

刘宇 编著

目　录
CONTENTS

前　言
PREFACE

　　手绘设计表达一直是设计师、设计专业的学生学习分析、记录理解、表达创意的重要手段，其重要性体现在设计创意的每一个环节，无论是构思立意、逻辑表达还是方案展示无一不需要手绘的形式进行展现。对于每一位设计专业的从业者，我们所要培养和训练的是表达自己构思创意与空间理解的能力、是在阅读学习与行走考察中专业记录的能力、是在设计交流中展示设计语言与思变的能力，而这一切能力的养成都需要我们具备能够熟练表达的手绘功底。

　　由于当下计算机技术日益对设计产生重要的作用，对于设计最终完成的效果图表达已经不像过去那样强调手头功夫，但是快速简洁的手绘表现在设计分析、梳理思路、交流想法和收集资料的环节中凸显其重要性，另外在设计专业考研快题、设计公司招聘应试、注册建筑师考试等环节也要求我们具备较好的手绘表达能力。

　　本套丛书的编者都具备丰富的设计经验和较强的手绘表现能力，在国内专业设计大赛中多次获奖，积累了大量优秀的手绘表现作品。整套丛书分为《手绘设计——草图方案表现》《手绘设计——室内马克笔表现》《手绘设计——建筑马克笔表现》《手绘设计——景观马克笔表现》。内容以作品分类的形式编辑，配合步骤图讲解分析、设计案例展示等环节，详细讲解手绘表现各种工具的使用方法，不同风格题材表现的技巧。希望此套丛书的出版能为设计同仁提供一个更为广阔的交流平台，能有更多的设计师和设计专业的学生从中有所受益，更好地提升自己设计表现的综合能力，为未来的设计之路奠定更为扎实的基础。

刘宇

2013年1月于设计工作室

一、绘制设计草图的基本方法

（一）草图表现的透视原理

"透视"（perspective）一词的含义就是透过透明平面来观察景物，从而研究物体投影成形的法则，即在平面空间中研究立体造型的规律。因此，它即是在平面二维空间上研究如何把我们看到的物象投影成形的原理和法则的学科。

透视学中投影成形的原理和法则属于自然科学的范畴，但在透视原理的实际运用中确实为实现画家的创作意图、设计师的设计目的而服务。所以我们在了解透视原理的基础上更要掌握艺术的造型规律，使二者科学地结合起来（图01、02）。

图01 作者：刘宇

透视学是一门专业的学科，它是我们学习草图表现技法之前就应该已经掌握的一门学科，因此，有关透视的全面知识在这里我们不进行详细的介绍，而是将一些相关的重点内容再做一些提示。

图02 作者：韦民

1．透视的基本概念名称

为了研究透视的规律和法则，人们拟定了一定的条件和术语名称，这些术语名称表示一定的概念，在研究透视学的过程中经常需要使用。

常用术语：

（1）基面（GP）——放置物体（观察对象）的平面。基面是透视学中假设的作为基准的水平面，在透视学中基面永远处于水平状态。

（2）景物（W）——描绘的对象。

（3）视点（EP）——画者观察物象时眼睛所在的位置叫视点。它是透视投影的中心，所以又叫投影中心。

　4）站点（SP）——从视点作垂直于基面的交点。即视点在基面上的正投影叫站点，通俗地讲，站点就是画者站立在基面上的位置。

（5）视高（EL）——视点到基点的垂直距离叫视高，也就是视点至站点的距离。

（6）画面（PP）——人与景物间的假设面。透视学中为了把一切立体的形象都容纳在一个平面上，在人眼注视方向假设有一块大无边际的透明玻璃，这个假想的透明平面叫做画面或理论画面。

（7）基线（GL）——画面与基面的交线叫基线。

（8）视平线（HL）——视平线指与视点同高并通过视心点的假想水平线。

（9）消灭点（VP）——与视线平行的诸线条在无穷远交汇集中的点，亦可称消失点。

（10）视心（CV）——由视点正垂直于画面的点叫视心。

2．透视图分类

透视图一般分为四种：一点透视，二点透视，三点透视和轴测图画法，我们下面分别进行介绍：

一点透视

一点透视也叫平行透视（图03、04）。一点透视如图所示，其特点是物体一个主要面平行于画面，而其他面垂直于画面。所以绘画者正对物体的面与画面平行，物体所有与画面垂直的线其透视有消灭点，且消失点集中在视平线上并与视心点重合。这种一点透视的方法对表现大空间的尺度十分适宜。

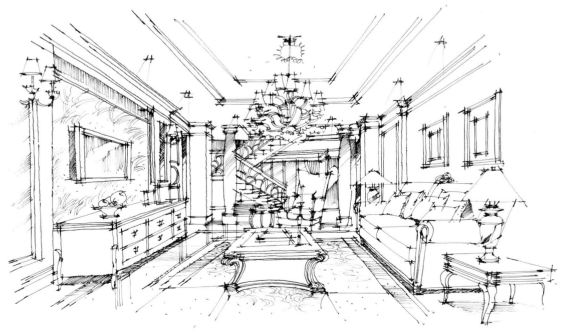

图03 作者：张权

图04 作者：夏嵩

　　一点变两点斜透视。还有一种接近于一点透视的特殊类型，即水平方向的平行线在视平线上还有一个消失点。这种透视善于表现较大的画面场景。

　　一点透视纵深感强，表现的范围宽广，适于表现庄重、严肃的室内空间。因此这些透视法一般用于画室内装饰、庭园、街景或表达物体正面形象的透视图。但其缺点是比较呆板，画面缺乏灵活变化。

　　两点透视

　　两点透视也叫成角透视（图05）。是指物体有一组垂直线与画面平行，其他两组线均与画面成某一角度，而每组各有一个消失点。因此，成角透视有两个消失点。由于两点透视较自由、灵活，反映的空间接近于人的真实感受，易表现体积感及明暗对比效果，因此，这种透视法比较多地使用在室内小空间及室外景观效果图的表现中。缺点是如果角度选择不好容易产生视觉变形效果。

图05 作者：张权

三点透视

三点透视，又称"斜角透视"（图06）。物体倾斜于画面，任何一条边不平行于画面，其透视分别消失于三个消灭点。三点透视有俯视与仰视两种。三点透视一般运用较少，适用于室外高空俯视图或近距离的高大建筑物的绘画。三点透视的特点是角度比较夸张，透视纵深感强。

图06 作者：刘宇

轴测图法

轴测图画法是利用正、斜平行投影的方法，产生三轴立面的图像效果，并通过三轴确定物体的长、宽、高三维尺寸。同时反映物体三个面的造型，利用这种方式形成的图像称为轴测图。

在实际设计中用尺规求作透视图过程复杂，费时较多，一般我们会采用直接徒手绘制透视图，但要求制图者有较强的基本功，能对透视原理进行熟练地应用，在进行徒手绘制时要先确定画面中的主立面尺寸，并选择好视点，然后引出房屋的顶角和地角线，在刻画室内造型及家具时，要从画面的中心部分开始画，并且尽可能地少绘制辅助线，而要学会通过一个物体与室内大空间的比例尺度推导出其他物体的位置和造型，同时要学会把握整体画面关系，在复杂的变化中寻找统一的规律。

（二）设计草图的概念与表现力

1．设计草图的概念与作用

绘制草图的根本目的是为高效而快捷地完成设计方案服务。设计草图作为一种具有设计创意的绘画表现形式，它直观地表达设计方案的作用，同时它还是整个设计环节中一个重要的组成部分，具有重要的地位，也是各方相互之间沟通设计的一个重要途径。随着社会进步，现代设计业也得到了快速的发展。在现代社会节奏不断加快的形势下，只有提高设计效率才能取得成功，相反就会失去竞争力。在建筑设计、环境艺术设计、展示设计专业的范畴中，不论立意构思，还是方案设计，以及绘制效果图，都要求在最短时间内完成。常规的建筑画，尤其渲染图，虽然可以把内容表达得十分充分，但在效率上明显缺乏优势，而草图作画快捷、易出效果，不仅满足了上述要求，同时，快速的设计表达能力在设计方案的初期发挥着明显的优势，在业务洽谈中所发挥的记录、沟通等方面的作用，在业务的竞争中具有特别的价值。因此，快速草图作为效果图绘画中的一种方式，它是设计时代的产物，它正在发挥着越来越重要的作用，深受建筑设计、环境艺术设计、广告展示设计专业工作者的普遍欢迎，在当今是一种必备的基本能力。

设计草图根据作用不同可分为两类：一类是记录性草图，主要是设计人员收集资料时绘制的；一类是设计性草图，主要是设计人员在设计时推敲方案、解决问题、展示设计效果时绘制的。

设计草图的四大作用：

（1）资料收集，设计是人类的创造性行为，任何一种设计从功能到形态都可以反映出不同经济、文化、技术和价值观念对它的影响，形成各自的特色和品牌。市场的扩大，加剧了竞争，这就要求设计者要凭借聪慧的头脑和娴熟的技能，广泛地收集和记录与设计有关的信息和资料，运用设计速写既可以对所感知的实体进行空间的、尺度的、功能的、形体和色彩的要素记录，同时也可以运用设计速写来分析和研究他人的设计长处。发现设计的新趋势，为日后的设计工作积累丰富的资料（图07）。

（2）形态调整，设计者在确立设计题目的同时，就应对设计对象的功能、形态提出最初步的构想，如家具的功能不变，可否改换其材质，以适应家具的造型要求，这就需要有多种设计方案保证家具功能的实现，还要考虑到形态的调整是否会对家具的构造产生影响，这一阶段的逻辑思维与形象思维的不断组合，运用设计速写便可以将各种设计构想形象快捷地表达出来，使之设计方案得以比较、分析与调整（图08）。

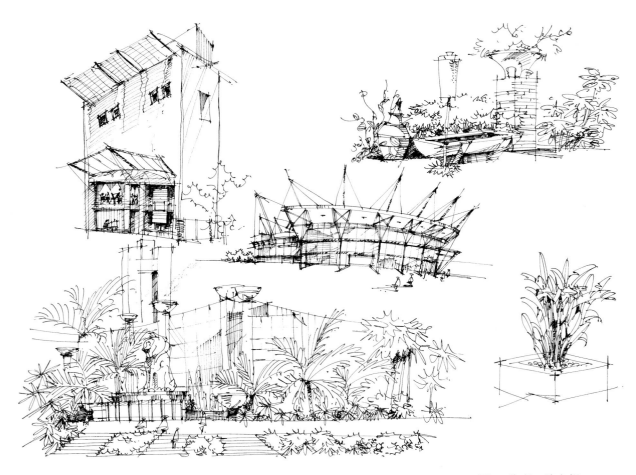

图07 作者：陈文娟

图08 作者 王曼琳

（3）连续记忆，通常设计师对一件设计商品的构思、设计要经过许多因素的连续思考才能完成，有时也会出现偶发性的感觉意识，如功能的转换，形态的启发，意外的联想和偶然的发现，甚至梦中的幻觉都有意识或无意识地促使设计者从中获得灵感，发现新的设计思路和形式，此时只有通过设计速写才能留住这种瞬间的感觉，为设计注入超乎寻常的魅力（图09）。

（4）形象表达，设计师对物体造型的设计既有个人意志的一面，又有社会综合影响的一面，需要得到工程技术人员的配合，同时也需要了解决策者的意见和评价。为了提高设计的直观性和可视性，增加对设计的认识，及时地传递信息，反馈信息，设计速写是最简便、最直接的形象表达手段，是任何数据符号和广告语言所不能替代的形象资料（图10）。

2．设计草图构思的表现力

绘制快速草图还必须具备以下三个方面的特征，即表现快捷省时、效果概括明确、操作简单方便。达到这三点要求，才具备了快速表现图的特点。

图09 作者：夏嵩

（1）表现快捷省时

所谓快速是一个相对的概念，快速表现图作画时间相对较短，表现快捷省时，并不是说快速手绘效果图绘画可以不分画的内容与要求，一律只用很少的时间在规定的范围内完成作品。例如完成一幅建筑效果图可以用速写的方式在几分钟内完稿，但完成另一幅设计方案草图，或方案效果图，则要用数十分钟或者更长一些时间，但是这两种效果图均可以统称为"快速效果图"，因为相对于用数小时或数十小时才能完成传统色彩渲染效果图而言，它们的表现已经是非常快捷省时的了。同时，草图多采用线条为主的表现形式，用简练的线条来造型，起到概括画面的作用。

图10 作者：陈英杰

（2）效果概括明确

以高度概括的手法删繁就简，采取少而精的方法，对可要可不要的部分及内容可以大胆省略，放松次要部分及非重点内容，加强主要内容的处理，形成概括而明确的效果，这是快速草图的又一特征。因为高度概括不仅可以起到快的作用，还可以起到强化作品主要信息内容的作用，但要注意的是，快不等于潦草，快同样需要严谨、准确、真实，不可夸张、变形，更不可主观地随意臆造，所以要紧紧抓住所描述对象最重要的特征，重点刻画其体积、轮廓、层次及最重要的光影和质感等，从而达到概括的理想状态。另外，快捷概括地表现对象，势必会对深入刻画产生影响，如果不采取必要的加强措施，会造成画面虚弱无物的印象。因此要加强所要表达的主要重点，抓住精髓之处刻画，明确关系，如强调明暗的对比与黑、白、灰的关系层次；加大力度着重刻画光影的虚实、远近关系；准确表现材料质感的反差，等等。总之草图表现是设计师手、眼、脑的快速结合。通过一个系列的对比手法，把设计内容真实准确地表现出来，给人以清晰鲜明的视觉效果。

（3）操作简单方便

效果图要比较快速地完成，操作简单方便非常重要，烦琐必然耗时。操作简单方便要求绘画的程序要简单，绘画的工具要方便，绘画者要能胸有成竹非常果断地在画面上直接表现，所用的工具包括笔、纸、颜料均应能做到使用便利，最好以硬笔（如钢笔、铅笔、勾线笔等）作业为主，尽量减少湿作业（也可使用一些水彩或淡彩），同时要注重画图的步骤，讲究作图的层次性避免反复修改，适用的工具品种也应尽量少，这样操作就非常简单方便了。

（三）不同设计草图表现工具的特点

设计草图表现技法主要是根据绘画工具来分类的，在这些工具的使用中，设计师们根据各自不同的需要，充分发挥着各种工具的特点，以达到一种快速而理想的视觉效果为设计方案的创意阶段提供技术上的有力支持。同时为设计方案的交流提供了很大方便。然而在诸多表现中，最基本、常用并容易掌握和便于操作的有钢笔速写、铅（炭）笔草图、铅（炭）笔草图淡彩等形式，我们在这里作为学习的重点进行介绍。

1. 铅（炭）笔的表现特点

铅（炭）笔作为绘制草图的常用工具，它为设计师设计过程中的工作草图、构想手稿、方案速写提供了很大方便。因为这类工具表现快捷，所以比较适宜做效果草图。铅（炭）笔草图画面看起来轻松随意，有时甚至并不规范，但它们却是设计师灵感火花记录、思维瞬间反应与知识信息积累的重要手段，它对于帮助设计师建立构思、促进思考、推敲形象、比较方案起到强化形象思维、完善逻辑思维的作用，因此，一些著名的设计大师的设计草图手稿，都能准确地表达其设计构思和创作概念，是设计大师设计历程的记录。铅（炭）笔草图尽管表现技法简捷，但作为设计思维的手段，其具有强大的生命力和表现力（图11、12）。

绘制工具准备：

（1）笔：铅（炭）笔草图作图比较随意，画面轻松，因此，铅笔选用建议以软性为宜。软性铅笔（常用的型号有2H、H、HB、B、2B等）一来表现轻松自由，线条流畅，其二视觉明晰表现创意准确到位，其三使用方便，便于涂擦修改；炭笔选用则无特别要求，但在使用时要注意下笔准确。

（2）纸：铅（炭）笔草图作图由于比较随意，所以用纸比较宽泛，但是要尽量避免使用对铅（炭）不易粘吸的光面纸，常用的是80克左右的复印纸。

表现技法特点：

铅（炭）草图在表现上要注意以下几个方面：

（1）由于铅（炭）笔作图具有便于涂擦修改特点，所以在起稿时可以先从整体布局开始。在表现与刻画时，也尽可以大胆表述。要尽量做到下笔肯定，线条流畅，同时注重利用笔的虚实关系来表现室内整体的空间感。

图11 作者：张权

图12 作者：张权

（2）要充分利用与发挥铅笔或炭笔的本身性能。铅笔由于运笔用力轻重不等，可以绘出深浅不同的线条，所以在表现对象时，要运用线的技法特点。比如，外轮廓线迎光面上线条可细而断续可用于表现眩光等，背光面上要肯定、粗重，远外轮廓宜轻淡，近处轮廓宜明确，地平线可加粗加重，重点部位还要更细致刻画，概括部分线条放松，甚至少画与不画，在处理阴影部分可以适当加些调子进行处理。特别是在绘制设计方案草图时我们多采用单线的表现形式，用简洁的线条勾画物体的形态和空间的整体变化。

（3）铅笔或炭笔不仅在表现线方面具有丰富的表现力，同时还有对面的塑造能力，具有极强的表现力，是素描最常用的表现工具。铅笔或炭笔在表现时可轻可重，可刚可柔，可线可面，可以非常方便地表现出体面的起伏、距离的远近、色彩的明暗等。所以，在表现对象时，可以线面结合，尤其在处理建筑写生的画面时这样做对画面主体与辅助内容的表达都具有极强的表现力。

（4）在对重点部位描述的程度上要比其他部位更深入，在表现上甚至可以稍加夸张，如玻璃门可用铅笔或炭笔的退晕技法表现使其更透明些，某些部位的光影对比效果更强些；在处理玻璃与金属对象时还可以用橡皮擦出高光线，以使画面表现得更精致、更有神，由此使得画面重点突出。

2．钢笔、勾线笔的表现特点

钢笔速写是快速效果图中最基础、运用最广泛的表现类型，是一种与铅（炭）笔速写具有很多共同点并更概括的快速效果图表现方法，所以这种技法是设计专业人员重要的技能与基本功，它对培养设计师与画家形象思维与记忆，锻炼手眼同步反应，快速构建形象、表达创作构思和设计意图以及提高艺术修养、审美能力等，均有很好的作用（图13、14）。

绘制工具准备：

（1）速写钢笔：应选用笔尖光滑、并有一定弹性的钢笔，最好反正面均能画出流畅的线条，且有线条粗细之分，钢笔可随着画者着力的轻重，不同粗细的线条表现方法会呈现不同的物体材质特征。使用钢笔应选用黑色碳素墨水，黑色墨水的视觉效果反差鲜明强烈。这里需要注意的是墨水易沉淀堵塞笔尖，因此，画笔最好要经常清洗，使其经常保持出水通畅，处于良好工作的状态。另外，现在除了传统意义的钢笔以外，具有同样概念或效果的笔也非常多，比较适用的有中性笔、签字笔和许多一次性的勾线笔等，这些笔用时不仅不需要另配墨水或出现堵塞笔现象，而且使用起来非常的轻松方便与流畅，已越来越受到大家的欢迎。

（2）纸：应选用质地密实、吸水性好、并有一定摩擦力的复印纸，白板纸或绘图纸也可以选用一些进口的特种纸等，纸面不宜太光滑，以免难与控制运笔走线及掌握线条的轻重粗细。图幅大小随绘画者习惯，最好要便于随身携带、随时作画。

表现技法特点：

（1）钢笔速写的不同绘画方式可以表现不同对象的造型、层次以及环境气氛。因此，研究线条及线条的组合与画面的关系是钢笔速写技法的重要内容。由于钢笔速写具有难以修改的特点，因此下笔前要对画面整体的布局与透视、结构关系在心中有个大概的腹稿，较好地安排与把握整体画面，这样才能保证画面的进行能够按照预期的方向发展。最终实现较好的画面效果。

图13 作者：董振涛

（2）如何开始进行钢笔速写的描绘，这是许多学生首先碰到的问题。一个有经验的设计师画钢笔速写时下笔可以从任何一个局部开始。但对于初学者，最好从视觉中心、形体最完整的对象入手。因为，把最完整对象画好后，其他一切内容的比例、透视关系都可以以此来作为参照，由此这样描绘下去画面就不容易出现偏差。反之，许多学生由于没有固定的参照对象，画到后来就会出现形体越画越变形，透视关系混乱的现象。另外，在绘制表现图时表现主体和环境配景之间的疏密关系十分重要，所以要对空间有一个整体把握。这对掌握钢笔速写的作画方法很重要。

图14 作者：刘宇

（3）钢笔速写表现的对象往往是复杂的，甚至是杂乱无章的，因此要理性地分析对象，理出头绪，分清画面中的主要和次要，大胆概括。具体处理时应主体实，衬景虚，主体内容要仔细深入刻画，次要内容要概括、交代清楚甚至点到即可，切记不可喧宾夺主地去过分渲染。另外对于画面的重要部位要重点刻画，如画面的视觉中心、主要的透视关系与结构，都可以用一些复线或粗线来强调。

（4）要注意线条与表现内容的关系。钢笔速写的绘画主要是通过线条来表现的，钢笔线条与铅笔、炭笔线条的表现力虽有所异，但基本运笔原理还是大体相似的，绘画者除了要能分出轻重、粗细、刚柔外，还应灵活多变随形施巧，设计师笔下的线条，要能表达所描绘对象的性格与风貌，如表现坚实的建筑结构，线条应挺拔刚劲；表现景观环境，线条就应松弛流畅等。

（5）要研究线条与刻画对象之间的关系。设计师表现事物的过程中要注意分析线在画面中的走势，线条运动时的速度快慢，会产生不同韵律和节奏。所以，就点、线、面三要素而言，线比点更具有表现力，线又比面更便于表现，因此绘画者要研究如何运笔，只有熟练地掌握了画线条的基本技法，画速写时才能做到随心所欲，运用自如（图15）。

图15 作者：张权

二、室内设计草图表现图解

（一）室内步骤图详解1

步骤一：此图采用成角透视原理的方式进行绘制，应注意成角透视的特点会有两个消失点，用HB、2B、4B等铅笔工具进行前期打稿时，可主观强调全图中心的沙发组合群。用笔应干净、利落，体现物体大的空间感觉。

室内步骤图详解——实景照片

室内步骤图详解1-1

步骤二：从空间的墙面入手，选用红环0.3、0.5、0.7的勾线笔先将物体大的结构线描绘出来，逐步深入，进而表现中间组合家具。线条应肯定有力，不应陷入局限，以表现沙发大的体块关系为主。

室内步骤图详解1-2

步骤三：增加物体的细节，包括天花的通风管道，以及背景楼梯的细部处理。主观虚化背景墙面，使之成为底景，衬托前景的家具组合。

室内步骤图详解1-3

步骤四：用晨光2180的勾线笔细致刻画各物体的光影变化，增强画面中前后之间的层次感。尤其是中间沙发的明暗关系对比是我们刻画的重点，用笔方式应细腻多变，调子的排列应秩序整齐。在画面中，天花的筒灯构成的点，大体结构所构成的线，以及光影组合所构成的面，使整幅画面形成的点、线、面的构成感十足。

室内步骤图详解1-4

（二）室内步骤图详解2

步骤一：室内草图的练习可以提高我们对于空间进深的把握，我们采用一点透视原理的方法，用HB、2B、4B等铅笔工具进行前期打稿，应注意室内透视的空间关系以及该图片所体现的空间尺度。注意前后红紫色高背椅子不同的大小关系，并将全图的草稿绘出。

室内步骤图详解2-1

室内步骤图详解——实景照片

步骤二：选用红环0.3、0.5、0.7的勾线笔将前后不同的物体和家具大的框架勾勒出来。注意空间中整体墙面的结构体现，线与线之间应流畅，有韵律感。有些线条之间的交叉可强调一些，以达到塑造画面大体空间的要求。

室内步骤图详解2-2

步骤三：开始加重背景墙面的层次关系，强调画面的进深感。着重刻画以茶几为中轴线的家具组团关系，抓住物体大的轮廓，注意此时应多选用晨光2180的草图笔，以求表现场景中间的细节部分。

室内步骤图详解2-3

步骤四：用排线的方式综合渲染画面的光影层次关系，注意背景层面应虚一些，不可忽略每个家具中的投影关系，注重刻画前景的高背椅，注重本身的明暗色阶渐变，体现物体大的轮廓关系。虚化高背椅以求繁简对比，强调沙发靠背的细节处理。

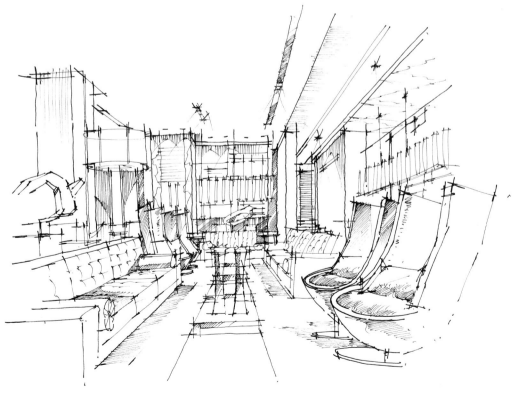

室内步骤图详解2-4

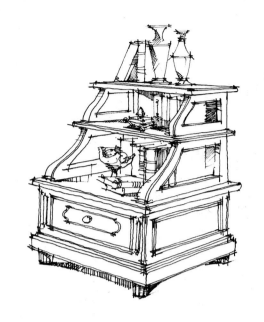

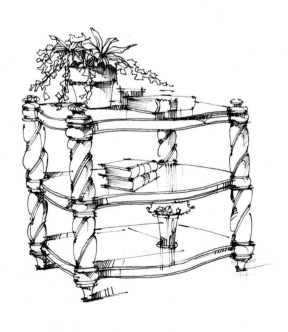

作者：夏嵩

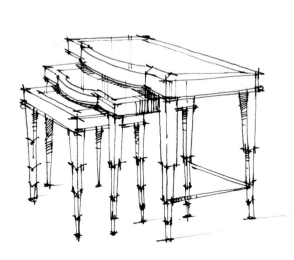

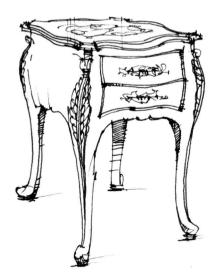

作者：夏嵩

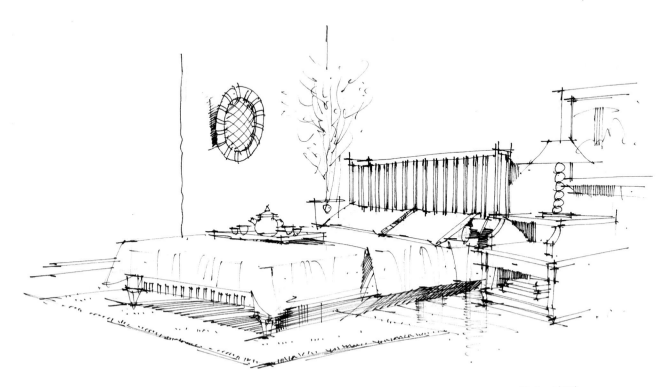

作者：李磊

作者：刘宇

作者：刘宇

作者：刘宇

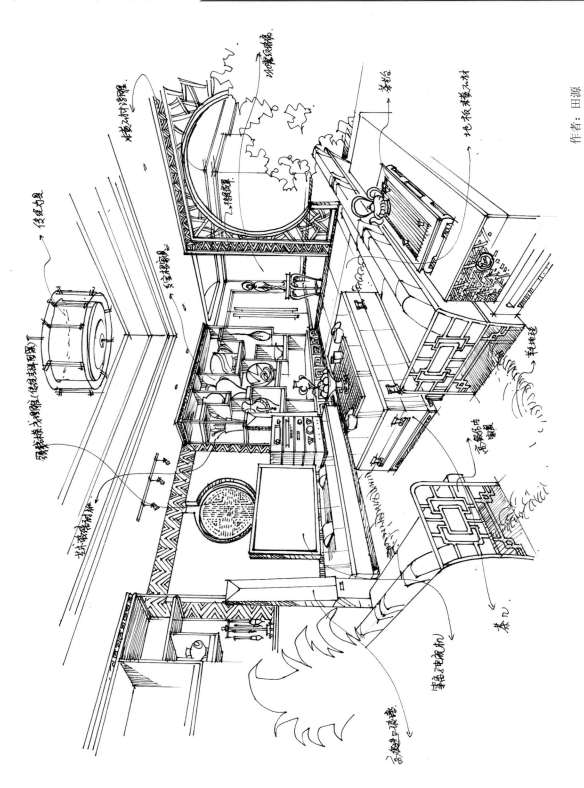

作者：郭丹丹

作者：王笑非

作者：张权

作者：张权

作者：黄宇豪

作者：刘宇

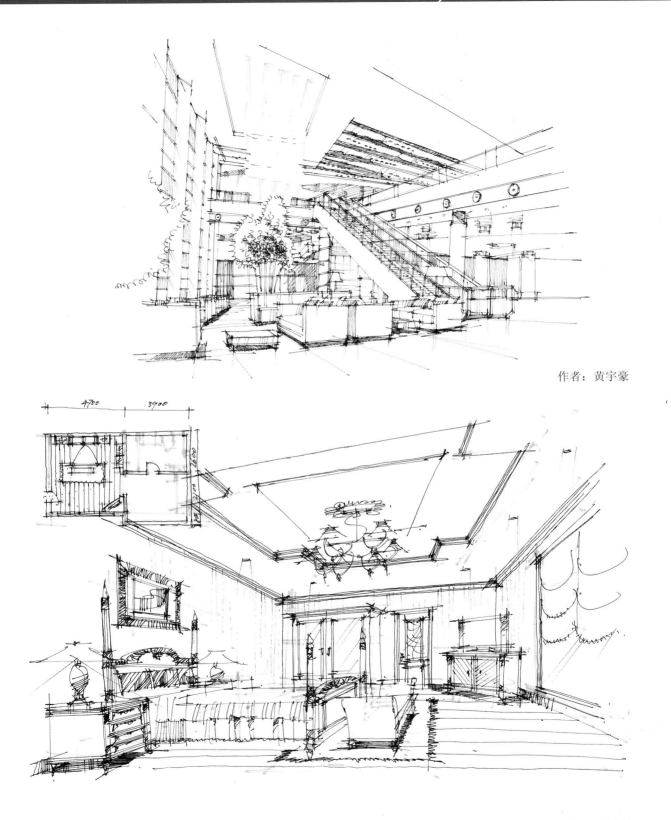

作者：黄宇豪

作者：刘宇

作者：周亚丽

作者：韦民

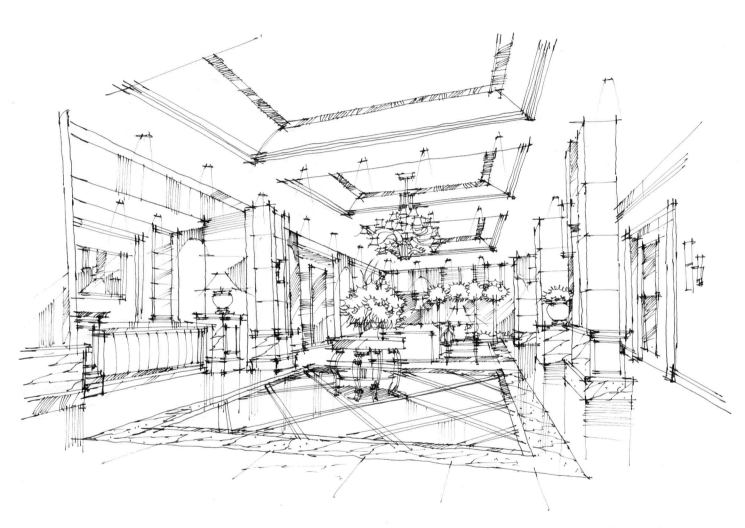

作者：张权

三、建筑设计草图表现图解

（一）建筑步骤图详解1

步骤一：表现古典建筑的题材是非常能考验一位设计表现者对于线条组织的把控能力。此建筑为典型巴西利卡式格局。开始依然采用铅笔起稿的方式，将主体建筑的两边钟塔、中间玫瑰窗以及两翼窗框的排列进行初期的起稿，前景的雕塑可以用轮廓概括。注意用笔应干脆，注重画面整体构图的协调。

建筑步骤图详解——实景照片

建筑步骤图详解1-1

步骤二：我们依然选用红环0.2、0.5、0.8的勾线笔将建筑与雕塑的大体框架勾勒出来。此阶段仍不应拘泥于细节，注意建筑结构的表现以及线条的流畅度。抓住主体大的体块，分清画面主次关系。

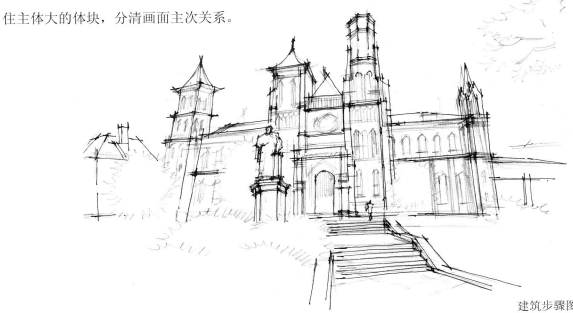

建筑步骤图详解1-2

步骤三：开始深化细节阶段。将建筑的立面表达清楚，注意不同门窗与门洞的虚实关系，以及将画面主题的重点放在中心玫瑰窗上，同时我们还应强调建筑向上的透视感觉。注重主体建筑轮廓与细部结构之间层次关系的表达，并将人物以及树景初步概括。雕塑可表现大的衣褶的变化。

建筑步骤图详解1-3

步骤四：全面深入调整画面阶段，着重表达建筑在光的照射下光影的变化，以及建筑本身纹理的表达。使建筑的黑白对比度加大，从而衬托中景雕塑，同时用自由的曲线表达前景植物。用细密的侧锋笔法渲染天空，以使建筑与环境得到统一，使建筑形成高耸、庄严的效果。

建筑步骤图详解1-4

（二）建筑步骤图详解2

步骤一：该建筑体块穿插明显，材料以及开窗的选择都体现后现代主义设计的元素，构成感十足。我们开始选用冷灰色的马克笔进行起稿。要求使用马克笔的细头，笔触应大胆、快速，注意表现建筑之间大的体块关系，同时应注意建筑透视的准确度。

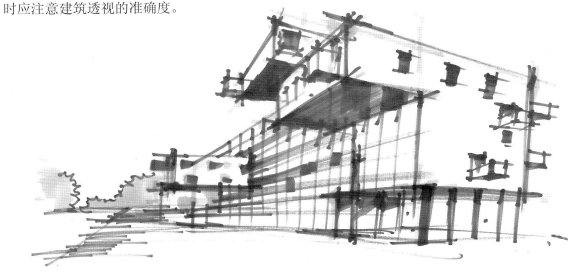

建筑步骤图详解2-1

步骤二：用2180的晨光勾线笔进行塑造，将建筑大体轮廓勾出，应注意线与线之间的交叉，以及玻璃幕墙用线的分割。车的勾勒用笔可灵活些，画面会显得十分生动。

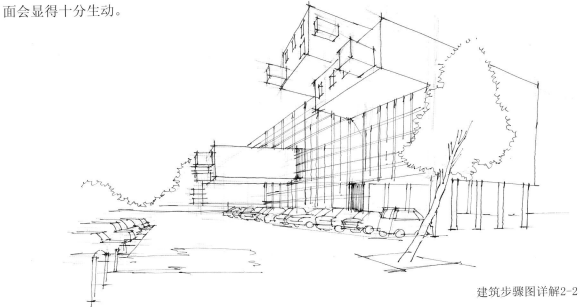

建筑步骤图详解2-2

步骤三：将建筑的小结构以及窗户之间的变化进行塑造。开始对建筑进行初步的材质与光影表现，我们应首先表现大的光影层次关系，将建筑大的层次关系进行分面，注意大的黑、白、灰关系，远景的植物变化应少，以块面关系为主。

建筑步骤图详解2-3

步骤四：开始深化建筑的光影关系，此时应注意建筑不同玻璃幕墙的光影细节变化，加强建筑背光面的明暗对比，注意排线的方向与秩序感，同时不要忽略前景树的刻画。

建筑步骤图详解2-4

步骤五：进入深入表达画面的阶段，继续加强明暗的对比关系，线与线之间的排列应更加密集些，前景的树形可以以勾勒的形式表现，而背景的树可以以面的形式体现，全图以中景的建筑为核心，形成前中后、黑白灰的层次变化。

建筑步骤图详解2-5

作者：夏嵩

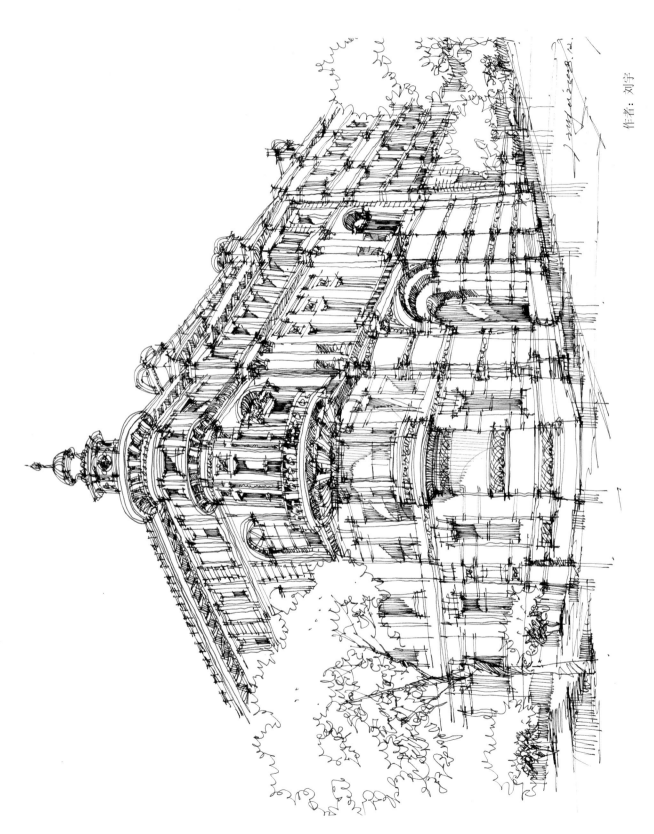

作者: 刘宇

作者：刘宇

作者：刘宇

作者：张权

作者：张权

作者：刘宇

作者：张权

作者：张权

作者：张权

作者：张权

作者：刘宇

作者：刘宇

作者：张权

作者：陈文娟

作者：力维云

作者：张权

四、景观设计草图表现图解

（一）景观步骤图详解1

步骤一：草图的表现可以说是各种设计表现的基础。它不仅可以作为单独题材进行表现，也可为马克笔、彩色铅笔、水彩等表现形式进行前期的定稿准备。因此可着重加以分析总结。此图为欧式风景建筑表现题材，画面整体格调清新、疏朗。为能准确描述此场景，我们第一步选用HB、2B、4B等铅笔工具进行前期定稿。起稿时注意用笔的干脆，应快速塑造背景建筑与前景游艇的大体关系，要求简洁明快，同时注意画面的整体构图。

景观步骤图详解——实景照片

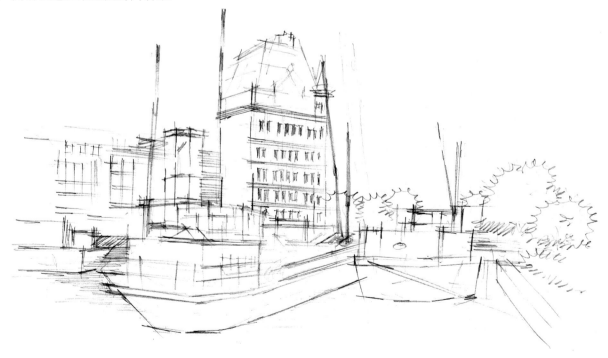

景观步骤图详解1-1

步骤二：选用红环0.3、0.5、0.7的勾线笔将画面大的框架勾勒出来。此阶段不要拘泥于细节，注意线与线之间的交叉感以及用笔的流畅度。要求分出各景物的大体轮廓框架。

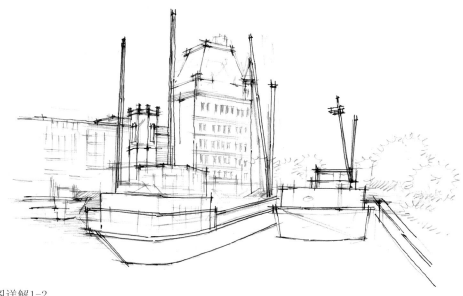

景观步骤图详解1-2

步骤三：开始深入画面阶段，用晨光2180的勾线笔刻画背景建筑的窗框以及老虎窗。主观上使建筑虚化并强调建筑的阴影关系以求突出前面的游艇。针对前景游艇应细致刻画细节，包括船上的缆绳与桅杆。注意勾线笔排列的笔触，以及用笔力度的掌握。

景观步骤图详解1-3

步骤四：进入全面深入阶段。主体强调船舶停靠在水面中倒影的感觉，注重水面波光粼粼的质感表现，强化周边环境的渲染，用排线的方式继续加大主体船舶与背景建筑的关系。刻画天空时笔锋应用侧锋，将云层的层次表现出来，从而使画面达到整体宁静之感。

景观步骤图详解1-4

（二）景观步骤图详解2

步骤一：此景观应处理好主景树与其他配景的关系。将建筑推到画面的后面，使其成为全图的底景。选用HB、2B、4B等铅笔工具进行前期草稿的绘制，将画面的重点放在院落的主景树上，对其树根的穿插以及叶冠的明暗层次变化都应着重刻画。而对其他树应以概括的手法进行处理，同时注意光影的描绘可增强画面层次。

景观步骤图详解——实景照片

景观步骤图详解2-1

步骤二：用红环的勾线笔采用自由的曲线将植物以及建筑的结

构勾出，此时不要过于拘泥细节，要求画出树种的大体轮廓即可。

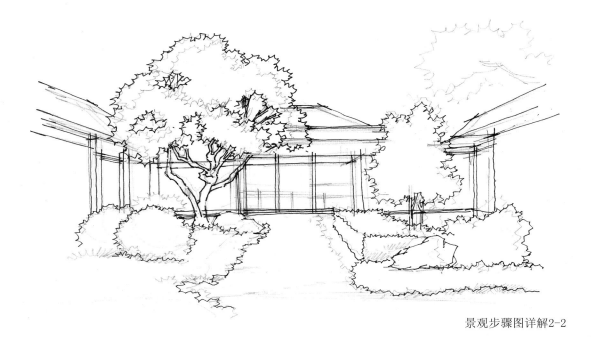

景观步骤图详解2-2

步骤三：对全景植物进行分层，用自由的曲线描绘不同植物的

明暗关系，着重刻画主景树枝干的穿插以及叶冠层次的变化。可选

用晨光2180的勾线笔进行层次的处理，注意不同叶冠的大小比例，

笔法可更灵活些。

景观步骤图详解2-3

步骤四：综合渲染画面，加大人造光源的对比关系，注重刻画植物阴影的转折变化，丰富画面的虚实关系，强调树枝穿插与叶冠的层次变化。用排线的方式将建筑背景推到画面的背后。远山的画法可结合中国画中的皴法，做出远山近景的感觉。

景观步骤图详解2-4

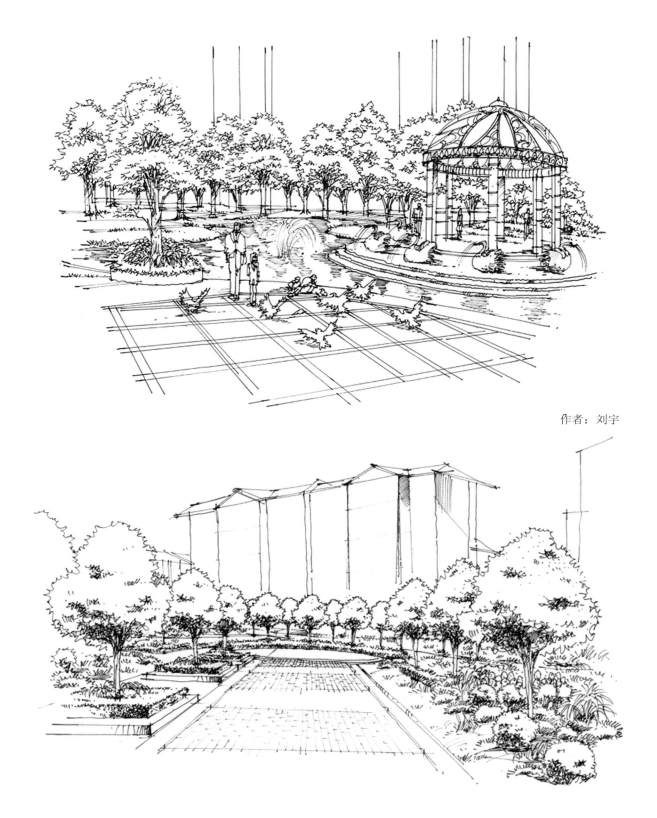

作者：刘宇

作者：刘宇

作者：刘宇

作者：张权

作者：张权

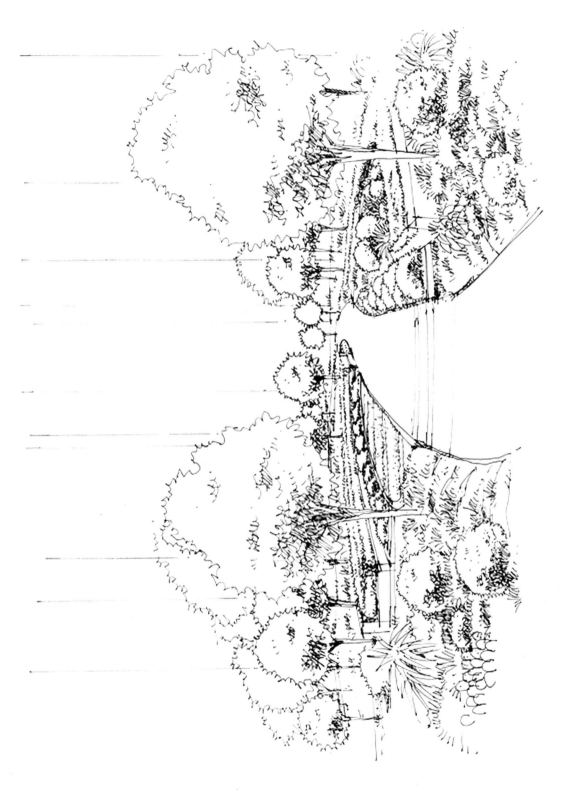

作者：刘宇

作者：吴斌

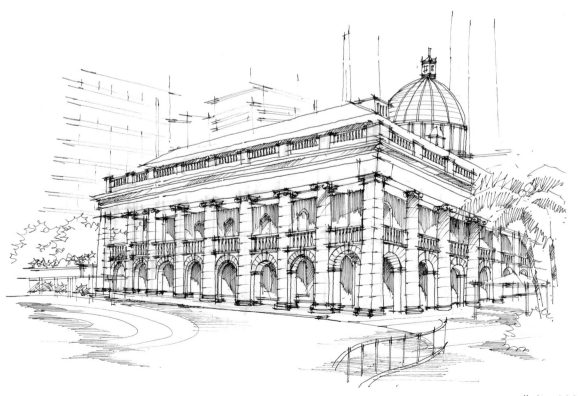

作者：刘宇

作者：李明同

作者：李明同

作者：李明同

作者：李明同

五、设计方案草图表现图解

作者：刘宇

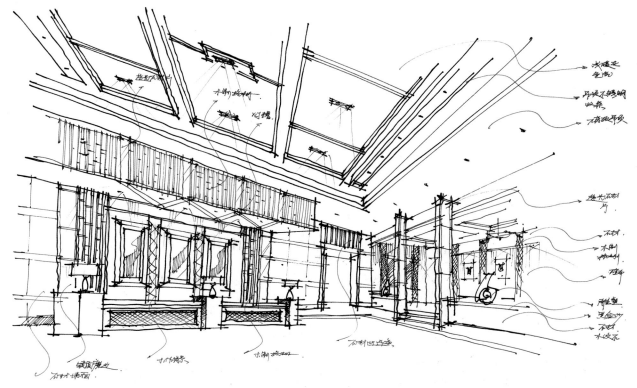

作者：刘宇

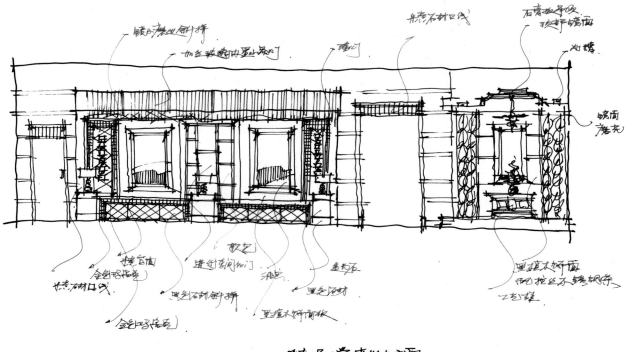

作者：刘宇

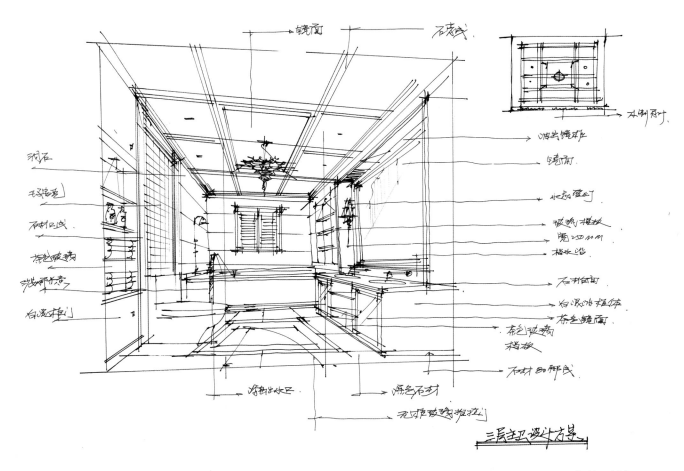

作者：刘宇

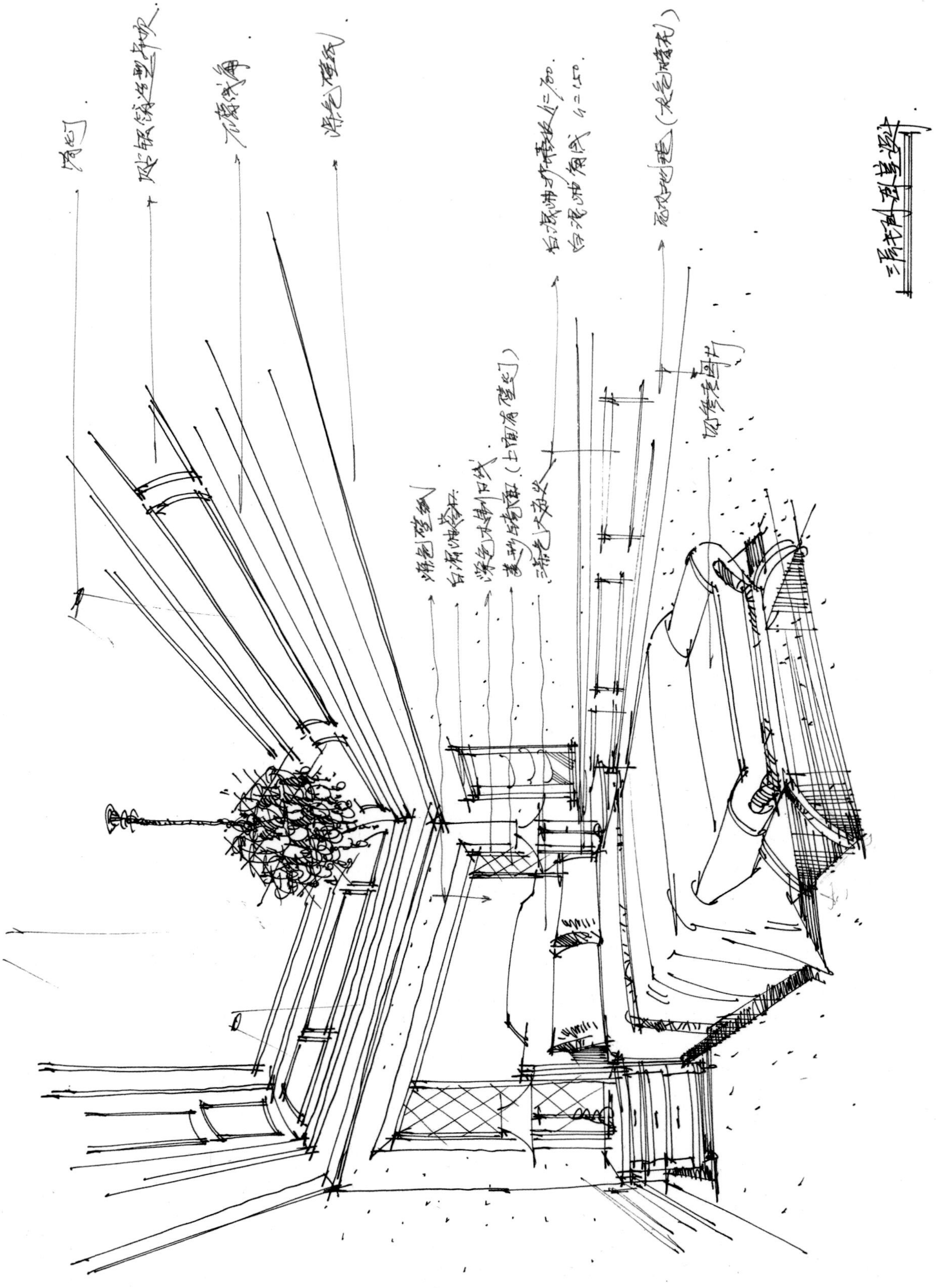

作者：刘宇

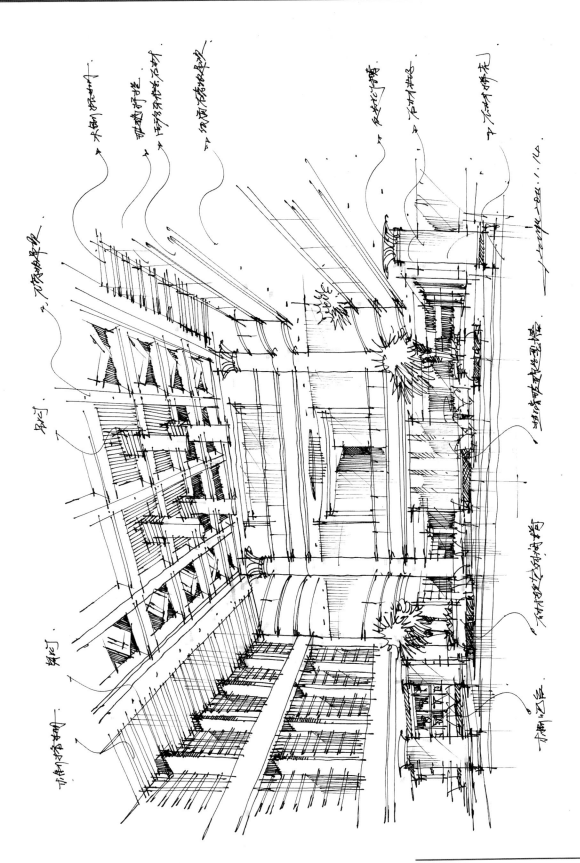

作者：刘宇

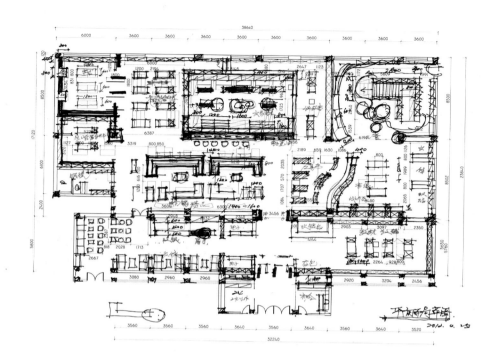

作者：刘宇

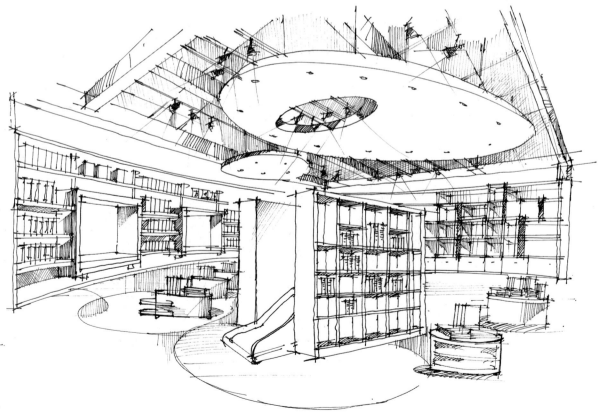

作者：刘宇

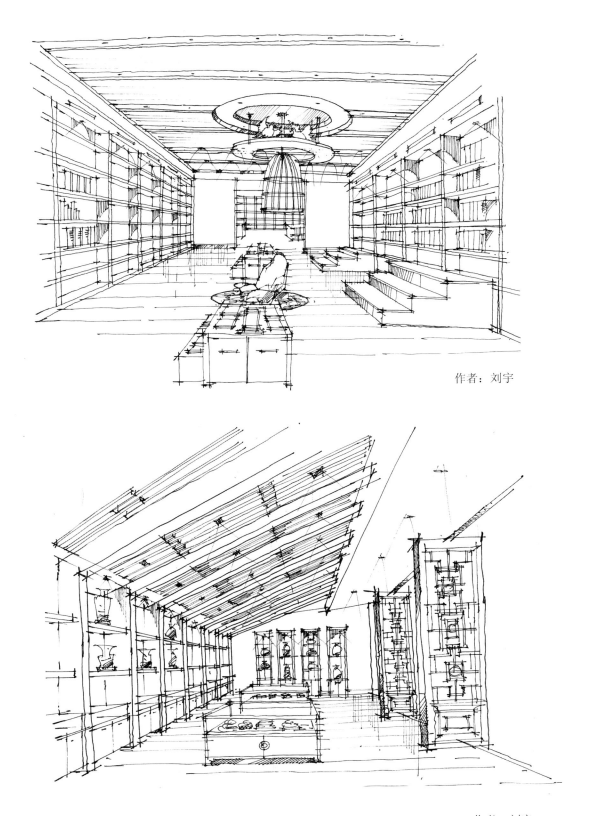

作者：刘宇

作者：刘宇

作者：刘宇

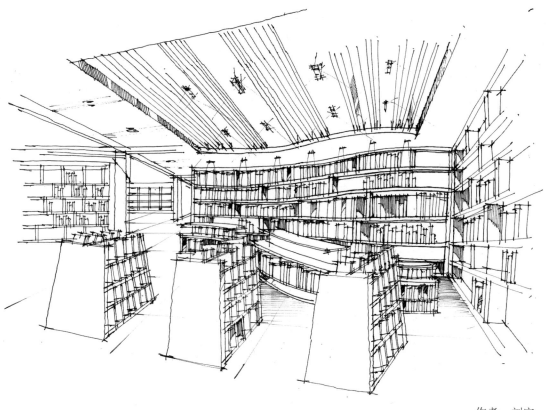

作者：刘宇

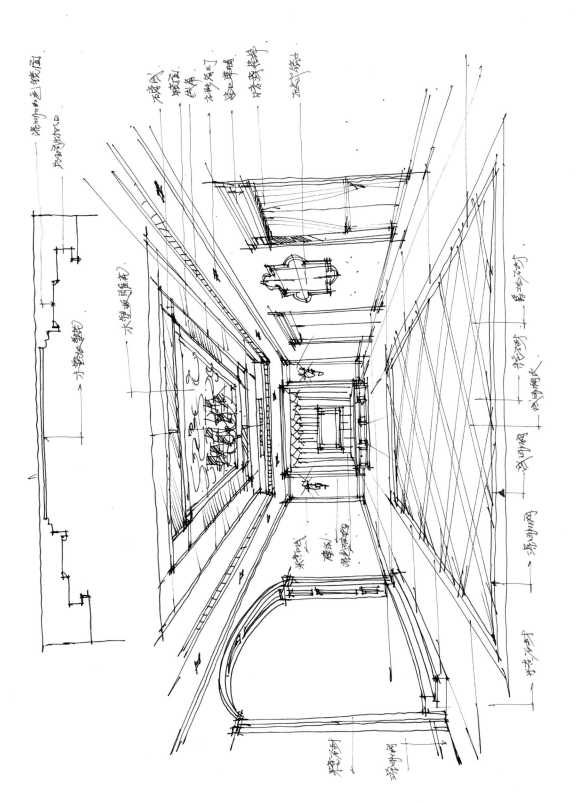

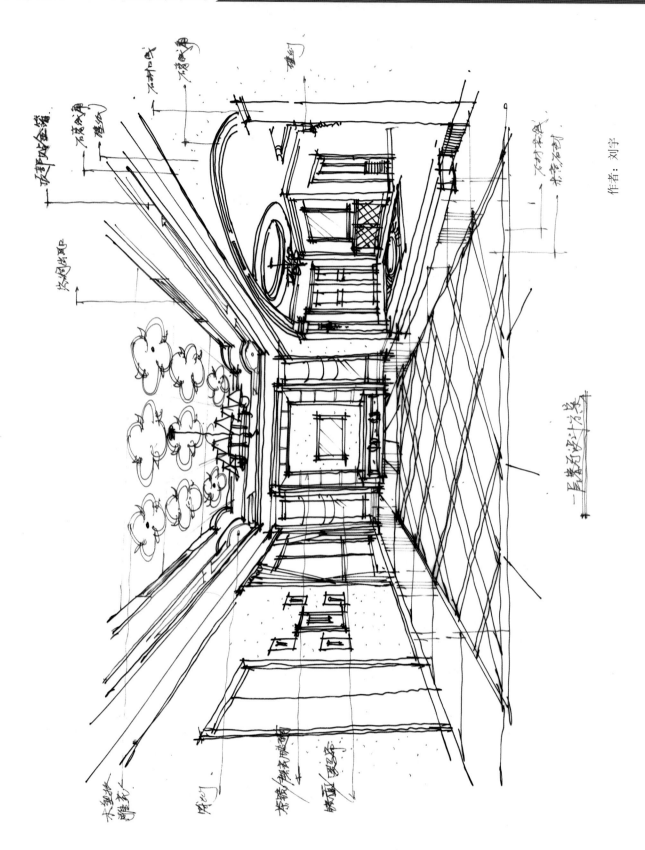

作者：刘宇

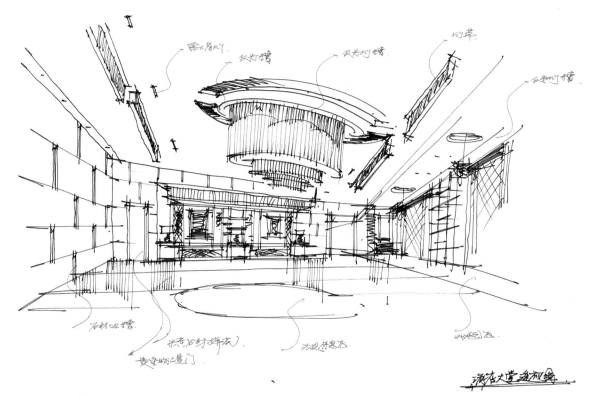

作者：刘宇

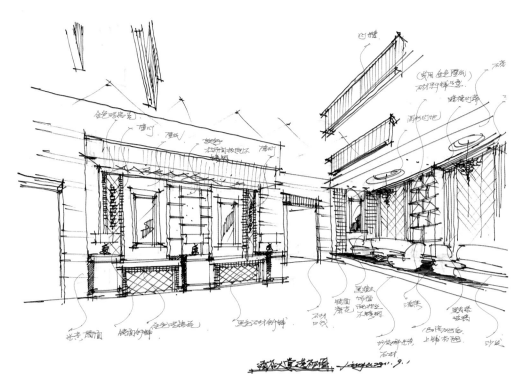

作者：刘宇

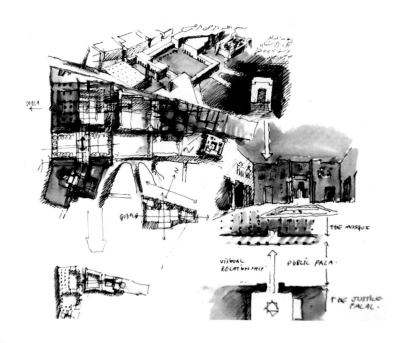

国外手绘草图方案欣赏

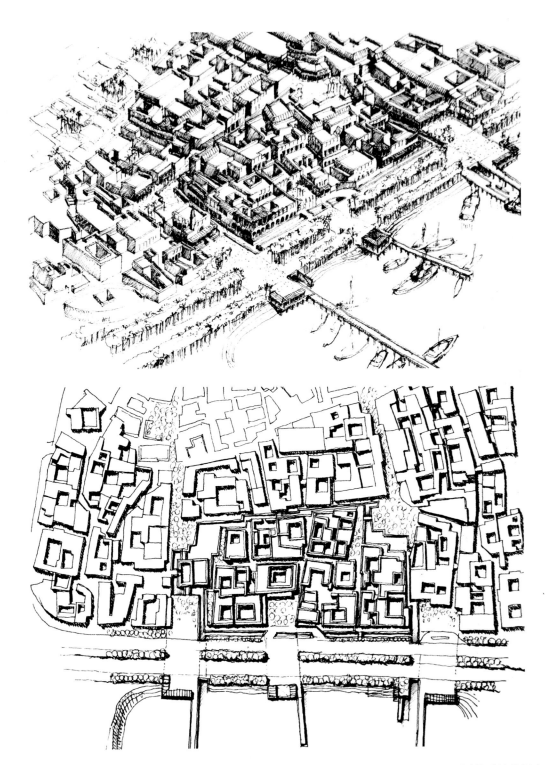

国外手绘草图方案欣赏

国外手绘草图方案欣赏

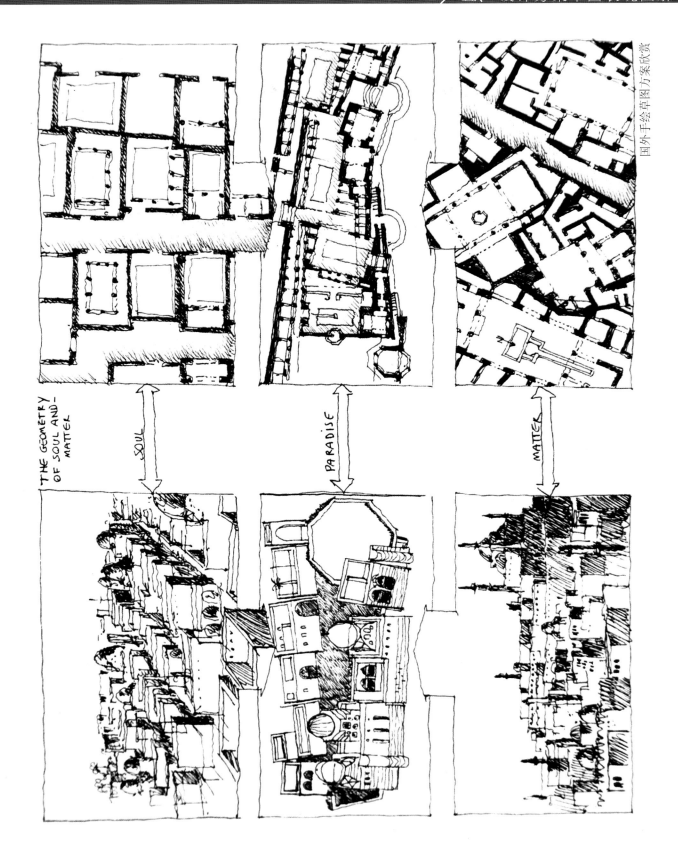

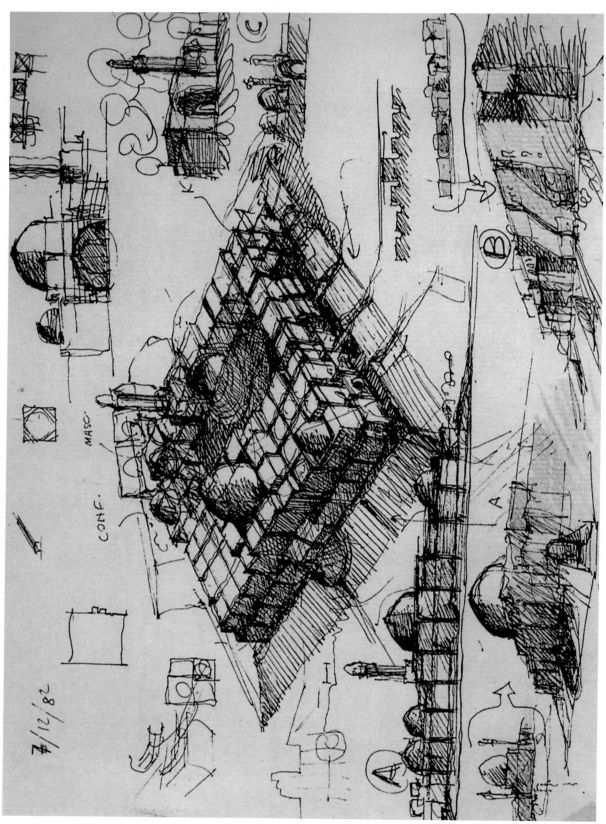

DESIGN
AND EXPRESSION

02

室内马克笔表现

刘宇 编著

目　录
CONTENTS

前　言
PREFACE

　　手绘设计表达一直是设计师、设计专业的学生学习分析、记录理解、表达创意的重要手段，其重要性体现在设计创意的每一个环节，无论是构思立意、逻辑表达还是方案展示，无一不需要手绘的形式进行展现。对于每一位设计专业的从业者，我们所要培养和训练的是表达自己构思创意与空间理解的能力，是在阅读学习与行走考察中专业记录的能力，是在设计交流中展示设计语言与思变的能力，而这一切能力的养成都需要我们具备能够熟练表达的手绘功底。

　　由于当下计算机技术日益对设计产生重要的作用，对于设计最终完成的效果图表达已经不像过去那样强调手头功夫，但是快速简洁的手绘表现在设计分析、梳理思路、交流想法和收集资料的环节中凸显其重要性，另外在设计专业考研快题、设计公司招聘应试、注册建筑师考试等环节也要求我们具备较好的手绘表达能力。

　　本套丛书的编者都具备丰富的设计经验和较强的手绘表现能力，在国内专业设计大赛中多次获奖，积累了大量优秀的手绘表现作品。整套丛书分为《手绘设计——草图方案表现》《手绘设计——室内马克笔表现》《手绘设计——建筑马克笔表现》《手绘设计——景观马克笔表现》。内容以作品分类的形式编辑，配合步骤图讲解分析、设计案例展示等环节，详细讲解手绘表现各种工具的使用方法、不同风格题材表现的技巧。希望此套丛书的出版能为设计同仁提供一个更为广阔的交流平台，能有更多的设计师和设计专业的学生从中有所受益，更好地提升自己设计表现的综合能力，为未来的设计之路奠定更为扎实的基础。

刘宇

2012年12月于设计工作室

一、室内马克笔、彩色铅笔绘制的基本方法

（一）马克笔的工具特点及表现力

马克笔是近些年较为流行的一种画手绘表现图的新工具，马克笔既可以绘制快速的草图来帮助设计师分析方案，也可以深入细致刻画形成一张表现力极为丰富的效果图。同时也可以结合其他工具，如水彩、透明水色、彩色铅笔、喷笔等工具或与计算机后期处理相结合形成更好的效果。马克笔由于携带与使用简单方便，而且表现力丰富，因此非常适宜进行设计方案的及时快速交流，深受设计师的欢迎，是现代设计师运用广泛的效果图表现工具（图1-1、1-2）。

图1-1

图1-2

1. 马克笔的种类

马克笔是英文"MARKER"的音译，意为记号笔。笔头较粗，附着力强，不易涂改，它先是被广告设计者和平面设计者所使用，后来随着其颜色和品种的增加也被广大室内设计者所选用。目前市场较为畅销的品牌如日本的YOKEN、德国的STABILO、美国的PRISMA（图1-3）及韩国的TOUCH（图1-4）等。

图1-3 美国的PRISMA

图1-4 韩国的TOUCH

马克笔按照其颜料不同可分为油性、水性和酒精性三种。油性笔以美国的PRISMA为代表，其特点是色彩鲜艳，纯度较低，色彩容易扩散，灰色系十分丰富，表现力极强。酒精笔以韩国的TOUCH为代表，其特点是粗细两头笔触分明，色彩透明，纯度较高，笔触肯定，干后色彩稳定不易变色。水性笔以德国的STABILO为代表，它是单头扁杆笔，色彩柔和，层次丰富，但反复覆盖色彩容易变得浑浊，同时对绘图纸表面有一定的伤害。进口马克笔颜色种类十分丰富，可以画出需要的、各种复杂的、对比强烈的色彩变化，也可以表现出丰富的、层次递进的灰色系。

2．马克笔的表现特点

（1）马克笔基本属于干画法处理，颜色附着力强又不易修改，故掌握起来有一定的难度，但是它笔触肯定，视觉效果突出，表现速度快，被职业设计师广泛应用，所以说它是一种较好的快速表现工具（图1-5）。

图1-5　刘宇

（2）马克笔一般配合钢笔线稿图使用，在钢笔透视结构图上进行马克笔着色，需要注意的是马克笔笔触较小，用笔要按各体面、光影需要均匀地排列笔触，否则，笔触容易散乱，结构表现得不准确。根据物体的质感和光影变化上色，最好少用纯度较高的颜色，而用各种复色表现室内的高级灰色调。

（3）很多学生在使用马克笔时笔触僵硬，其主要问题是没有把笔触和形体结构、材质纹理结合起来。我们要表现的室内物体形式多样，质地丰富，在处理时要运用笔触多角度的变化和用笔的轻重缓急来丰富画面关系。同时还要掌握好笔触在瞬间的干湿变化，加强颜色的相互融合（图1-6）。

图1-6　刘宇

图1-7　刘宇

（4）画面高光的提亮是马克笔表现的难点之一，由于马克笔的色彩多为酒精或油质构成，所以普通的白色颜料很难附着，我们可以选用白色油漆笔和白色修正液加以提亮突出画面效果，丰富亮面的层次变化（图1-7）。

（5）马克笔适于表现的纸张十分广泛，如色版纸、普通复印纸、胶版纸、素描纸、水粉纸都可以使用。选用带底色的色纸是比较理想的，首先纸的吸水性、吸油性较好，着色后色彩鲜艳、饱和；其次有底色容易统一画面的色调，层次丰富。也可以选用普通的80～100克的复印纸。

（二）彩色铅笔的工具特点及表现力

彩色铅笔是绘制效果图常用的作画工具之一，它具有使用简单方便、颜色丰富、色彩稳定、表现细腻、容易控制的优点，常常用来画建筑草图，平面、立面的彩色示意图和一些初步的设计方案图。但是，彩色铅笔一般不会用来绘制展示性较强的建筑画和画幅比较大的建筑画。彩色铅笔的不足之处是色彩不够紧密，画面效果不是很浓重，并且不宜大面积涂色。当然，如果能够运用得当的话，彩色铅笔绘制的效果图是别有韵味的。

1．彩色铅笔的种类

彩色铅笔的品种很多，一般有6色、12色、24色、36色，甚至有72色一盒装的彩色铅笔，我们在使用的过程中必然会遇到如何选择的问题。一般来说，以含蜡较少、质地较细腻、笔触表现松软的彩色铅笔为好，含蜡多的彩色铅笔不易画出鲜丽的色彩，容易"打滑"，而且不能画出丰富的层次。另外，水溶性的彩色铅笔亦是一种很容易控制的色彩表现工具，可以结合水的渲染，画出一些特殊的效果。彩色铅笔不宜用光滑的纸张作画，一般用特种纸、水彩纸等不十分光滑、有一些表面纹理的纸张作画比较好。不同的纸张亦可创造出不同的艺术效果。绘图时可以多做一些小实验，在实际操作过程中积累经验，这样就可以做到随心所欲，得心应手了。尽管彩色铅笔可供选择的余地很大，但在作画过程中，总是免不了要进行混色，以调和出所需的色彩。彩色铅笔的混色主要是靠不同色彩的铅笔叠加而成的，反复叠加可以画出丰富微妙的色彩变化（图1-8、1-9）。

图1-8

图1-9

图1-10 刘宇

2．彩色铅笔的表现特点

彩色铅笔在作画时，使用方法同普通素描铅笔一样易于掌握。彩色铅笔的笔法从容、独特，可利用颜色叠加，产生丰富的色彩变化，具有较强的艺术表现力和感染力。

彩色铅笔有两种表现形式：

一种是在针管笔墨线稿的基础上，直接用彩色铅笔上色，着色的规律由浅渐深，用笔要有轻重缓急的变化；另一种是与以水为溶剂的颜料相结合，利用它的覆盖特性，在已渲染的底稿上对所要表现的内容进行更加深入、细致的刻画。由于彩色铅笔运

图1-11 刘宇

图1-12　刘宇

用简便，表现快捷，也可作为色彩草图的首选工具。彩色铅笔是和马克笔相配合使用的工具之一，彩色铅笔主要用来刻画一些质地粗糙的物体（如岩石、木板、地毯等），它可以弥补马克笔笔触单一的缺陷，也可以很好地衔接马克笔笔触之间的空白，起到丰富画面的作用（图1-10、1-11、1-12）。

二、室内空间单色表现技法分析

图2-1　夏嵩

图2-2　夏嵩

图2-3 夏嵩

三、室内家具组合表现技法分析

图3-1　许韵彤

图3-2　许韵彤

图3-3　许韵彤

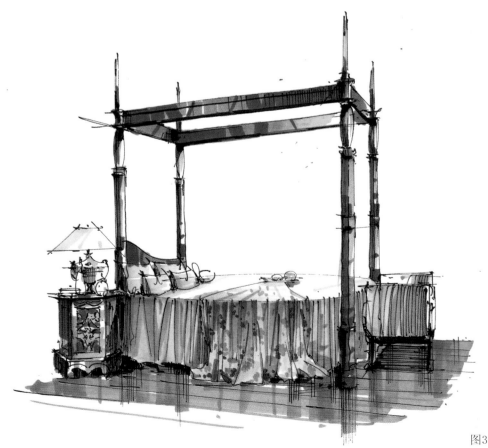

图3-4　张宏明

图3-5　张宏明

图3-6　张宏明

图3-7　张宏明

图3-8　刘宇

图3-9　金毅

图3-10　刘宇

图3-11 刘宇

图3-12 刘宇

四、室内空间步骤图表现技法图解

（一）室内空间步骤图表现技法图解1

步骤一：根据我们所选图片，分析此场景为典型的酒店套房空间。色调偏黄色，色调高雅，有很强的设计代表性，可为广大手绘学习爱好者提供参考。首先选用0.3、0.5、0.7的红环勾线笔，将空间的大体轮廓勾出，应注意结构大胆表现，线条粗犷流畅，不要拘泥于细节的刻画，注重大的空间关系，画面要体现设计方案的构思重点。

室内空间步骤图表现技法图解1——实景照片

室内空间步骤图表现技法图解4-1

步骤二：在经过线稿的绘制之后，我们开始对此图进行色彩的渲染。该场景的特点是整体色调呈暖黄色，颜色的色阶较短，需要通过彩色铅笔和马克笔的结合达到充分表现。因此初步选取棕色与黄色的彩色铅笔将画面场景通涂一遍。注意草图应处理整体，不要过于拘泥于细部，体现彩色铅笔柔和渐变的优势。同时使用蓝色彩色铅笔将室外的背景色涂重，强调室内与室外的冷暖对比。

室内空间步骤图表现技法图解4-2

步骤三：此阶段开始使用WG3、WG2、WG5、WG7等暖色系马克笔进行色彩的融合，笔触应干净利落，表现大的体块关系，增强画面的对比度。背景色彩的融合用笔应快速，不要拖泥带水。窗外背景楼群的处理应虚化，从而拉大空间主次关系，天花的表现可留些白，体现画面的主次关系。

室内空间步骤图表现技法图解4-3

步骤四：全面深入画面层次关系，并进行画面最后的调整。注意室内人造灯光的光影变化，背光的阴影应厚重多变，受光的部分可明亮些。同时要敢于加深主体家具的暗部层次，增强色阶上层次对比度。此时马克笔的用笔应该更整体些，保持画面整体氛围不被破坏。投影的部分应更重一些，从而使画面更加稳重。

室内空间步骤图表现技法图解4-4

（二）室内空间步骤图表现技法图解2

步骤一：该场景空间高大，层次多变，有很强的设计感。红紫色的高背椅为该空间亮点。考虑此空间的景深深远，首先选用0.3、0.5、0.7的红环勾线笔将空间中大的结构关系画出来，笔触应粗犷，同时再用较细腻的晨光草图笔丰富画面层次。注意线与线排列的秩序感，前景的高背椅应严谨对待，线条的表现应充分到位。

室内空间步骤图表现技法图解2——实景照片

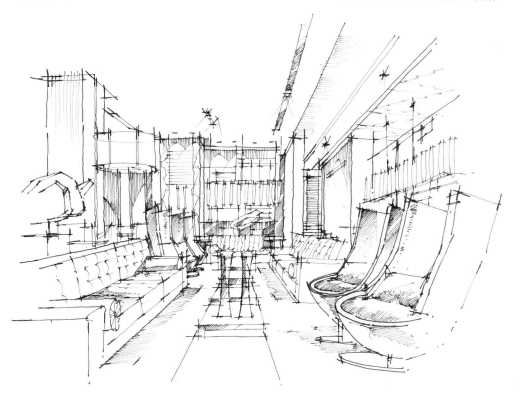

室内空间步骤图表现技法图解4-5

步骤二：首先选用WG2、CG5等冷暖色系将背景墙涂重，同时WG1采用排笔的方式表现天花的固有色。笔触应整齐严密，持笔要放松，方可自然通透。天花灯光的选择可多用一些暖色的彩色铅笔。墙面的塑造应以块面为宜。

室内空间步骤图表现技法图解4-6

步骤三：对画面进行综合绘制，色彩上强调前景的高背椅，而远处的沙发与两边墙面的色彩应进行虚化，并对红紫色高背椅的明度色阶用马克笔进行强化，从而体现主次层次。

室内空间步骤图表现技法图解4-7

步骤四：全面深化画面的层次，着重刻画紫色高背椅，该椅对整体画面有点睛的作用。在调整整体空间关系之后，应注意前后椅子之间的虚实关系，处理后面的椅子时色彩饱和度应低些，而前景的椅子色彩饱和度可以略微提高一些。同时整体画面的色彩倾向应以灰色为主，在一些地方适当用一些艳丽的颜色可提高画面的品位。

室内空间步骤图表现技法图解4-8

（三）室内空间步骤图表现技法图解3

步骤一：室内空间中起居室占有重要的地位，本场景采用现代设计的元素进行诠释。我们首先用一点透视的方式对空间的透视角度进行调整，使空间的视域变大。用传统尺规作图的表现形式进行绘制。直线肯定、明确，调子应排列细腻，材质纹理的表达都应虚实相见。美国马克笔颜色真实，柔和且透明，可以与韩国Mycolor酒精笔搭配使用。首先用冷灰的颜色将背景的色彩涂重，并顺势用底色处理天花。采用扫笔的技法将电视墙与沙发背后的木色屏风涂上中间色。

室内空间步骤图表现技法图4-9

步骤二：加强画面背景的色彩关系。底景的颜色可更重些以衬托木色屏风。用多变的色彩关系丰富屏风受光后的色彩渐变，用彩色铅笔渲染顶棚的光源。

室内空间步骤图表现技法图4-10

步骤三：综合表现沙发的明暗色阶。要求在分清大体关系的前提下，注重人造光源对于家具本身的影响，以使中间的空间更加具有氛围。同时用点笔的方法虚化背景植物，注意与玻璃幕墙结合后的色彩倾向。

室内空间步骤图表现技法图4-11

步骤四：深入完成图面，着重刻画电视背景墙与地面的
冷暖对比。用偏蓝的灰色塑造墙面，注意墙体从上到下受光
的退晕变化。最后用马克笔有渐变地将地面的色彩涂重。绘
制时强调马克笔笔触的效果。

室内空间步骤图表现技法图4-12

（四）室内空间步骤图表现技法图解4

步骤一：酒店的公共休闲空间是体现酒店设计特点的一个区域。线条塑造得是否流畅，空间尺度感是否能够表达恰如其分，是该场景表现的难点与重点。因此采用线面结合的方式，以线为主。首先选用0.3、0.5、0.7的红环勾线笔绘制场景的大体结构与轮廓，细部微小部分则结合晨光草图笔丰富画面层次。注意旋转楼梯用线时曲线流畅的表达，以及前后沙发的用线应该有所取舍。

室内空间步骤图表现技法图4——实景照片

室内空间步骤图表现技法图4-13

步骤二：统一采用以马克笔为主、彩色铅笔为辅的表现方式，着重表现空间浓重的氛围，选用冷灰、暖灰等重色的马克笔，将空间的背景与天花着色。注意笔触叠加的层次与美感，以及靠近画面边处笔触的收束与排列。

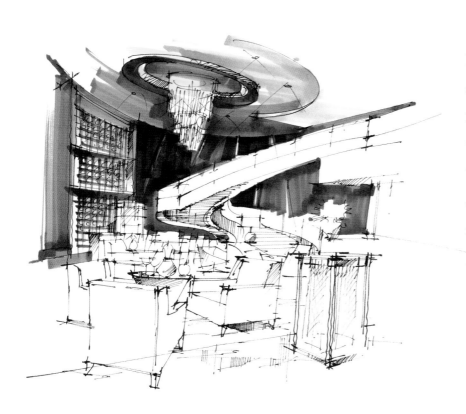

室内空间步骤图表现技法图4-14

步骤三：整体渲染全图画面，刻画地面的层次色阶，着重体现空间冷暖关系以及材料的质感，同时注重空间营造的深远之感，从而使前后关系得到恰如其分的表达。

室内空间步骤图表现技法图4-15

步骤四：综合调整全图画面，应将后面的背景处理更厚重些，笔触应更整齐利落。而前面的休闲区域可更明亮，色阶清新与后面的背景形成鲜明对比，拉大空间的层次关系。

室内空间步骤图表现技法图4-16

（五）室内空间步骤图表现技法图解5

步骤一：本场景的色调整体偏暖，如何将各种暖色分列开来，是我们进行表现的难点。由于空间的复杂性，使我们在绘制线稿时应多注意线条的取舍。有目的地将重点放在中心沙发围合的领域。

室内空间步骤图表现技法图5——实景照片

室内空间步骤图表现技法图4-17

步骤二：中间棕色门口在此场景中起着承前启后的作用。既可成为背景的图框，也可作为墙体承托前景沙发。因此首先用咖啡色的马克笔将中间门口着色，应注意笔触的收放，不要太实，可放松些，将天花的底色涂重。

室内空间步骤图表现技法图4-18

步骤三：全面深入画面。此阶段应多用一些暖灰色并结合咖啡色的马克笔，初步将画面中心的沙发组群着色，注意画面整体色调的把控，应在统一的基调中逐渐加强画面对比。

室内空间步骤图表现技法图4-19

步骤四：综合调整画面色阶，完成此图。用重色的彩色铅笔与马克笔结合的方式加大画面的对比度。对于重的颜色应敢于描绘，同时不要忽略物体材质的表现。保持画面的灯光亮度，并在一些细小的地方用一些艳丽的颜色，以丰富空间的层次变化。

室内空间步骤图表现技法图4-20

（六）室内空间步骤图表现技法图解6

步骤一：餐饮空间是家装设计中必不可少的一个区域，此图选用新古典主义的设计风格，可临以摹本为广大学员备以参考。线稿的绘制仍采用徒手表现的形式，线条应肯定有力，结构应明晰。注意线条组合的疏密，有些地方可留白，以形成较强的空间感。

室内空间步骤图表现技法图4-21

步骤二：从画面的底景开始着色，用偏灰的绿色马克笔将背景的窗户与户外的植物涂重。注意底部灰色与上部灰色不同的深浅变化。窗帘则采用咖啡色偏红的马克笔加以表现，与背景形成对比的同时体现古典气氛。由于此空间的原景照片整体倾向于灰色，各物体之间很难加以区分，因此在主观上我们运用棕红色来表现古典主义家具中的色彩，对餐椅进行初步渲染。注意彩色铅笔应细腻些，强调从上到下的渐进变化。

室内空间步骤图表现技法图4-22

步骤三：虚化处理以壁炉为中心的起居空间，使其推到画面的后面，并用冷灰色的CG6、CG7对地面拼花进行上色。注意不同层次的明暗变化。

室内空间步骤图表现技法图4-23

步骤四：调整画面色阶对比，加重家具的阴影层次。用咖啡色和黄色的彩色铅笔，采用渐变的手法对天花的顶部进行上色。彩色铅笔用笔应放松，明暗对比度不要太强烈。

室内空间步骤图表现技法图4-24

（七）室内空间步骤图表现技法图解7

　　步骤一：该图采用传统的明式家具配以玻璃幕墙与毛石等现代材料达到一种新中式的客厅设计。绘制线稿时除考虑空间大体的结构外，还要注意此设计中明式家具优美曲线的刻画。用笔应肯定有力。而对一些后面背景的石材纹理可用一些虚笔加以处理，以做到虚实的结合。

室内空间步骤图表现技法图4-25

步骤二：用暖色的马克笔大笔触高度概括背景的玻璃幕墙以及毛石墙面的材质效果，充分体现画面的现代元素。同时用咖啡色的马克笔加以强调明式家具的结构与曲线，充分体现设计风格的古典与厚重。注意马克笔宽头与细头的结合使用，用笔的笔触可灵活多变些。

室内空间步骤图表现技法图4-26

步骤三：完善画面各部分的颜色。刻画中心组合家具沙发的明暗对比关系，使其更具有领域感。地毯的选择则采用马克笔与彩色铅笔的结合。地面瓷砖的颜色选用CG6、CG7等冷灰色的马克笔，以求与整体画面暖色调形成对比，既表现了地面的质感，也使得画面拥有厚重稳定的效果。

室内空间步骤图表现技法图4-27

步骤四：调整全图关系，放松顶部空间，抓住中部空间组合，加强前后明暗之间的对比度以及冷暖的色调关系。最后用点笔的方式塑造地毯，活跃画面气氛。

室内空间步骤图表现技法图4-28

五、室内空间色彩表现图例

图5-1　张宏明

图5-2　张宏明

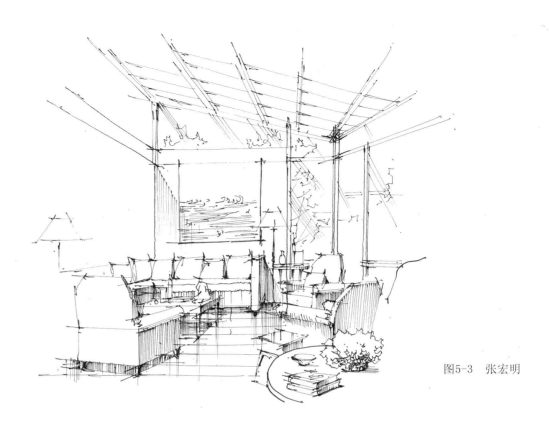

图5-3　张宏明

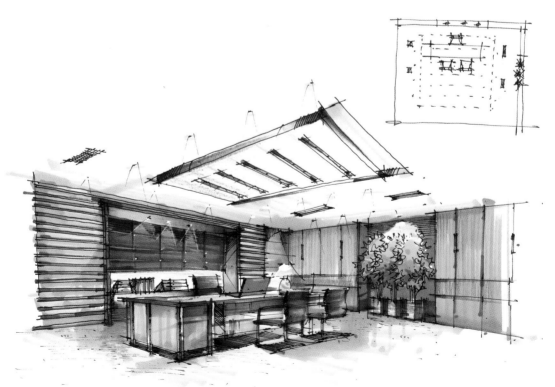

图5-4　张宏明

图5-5　张宏明

图5-6　张宏明

图5-7　张宏明

图5-8　张宏明

图5-9 张芝明

图5-10 刘宇

图5-11 周亚丽

图5-12 周亚丽

图5-13 金毅

图5-14　金毅

图5-15　张权

图5-16　李磊

图5-17　李磊

图5-18　刘永喆

图5-19　张焕然

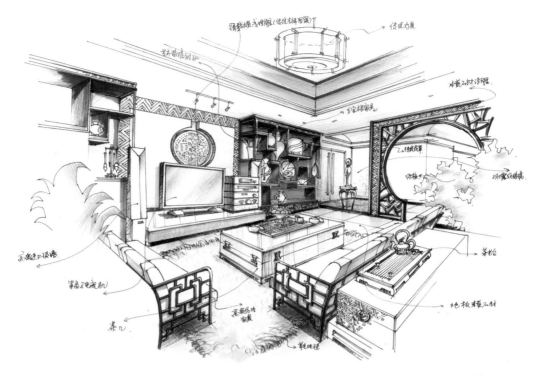

图5-20　田源

图5-21　赵杰

图5-22　赵杰

图5-23　张权

图5-24 张权

图5-25 许韵彤

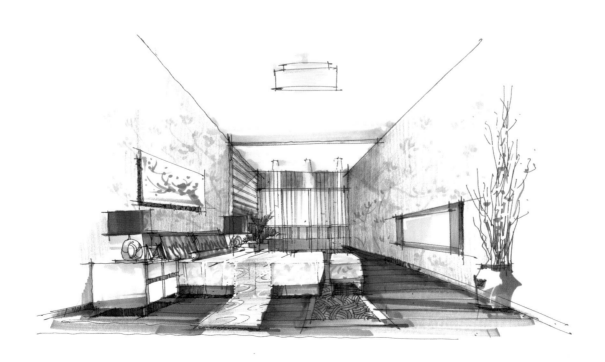

图5-26 刘宇

图5-27 张权

图5-28　刘宇

图5-29　刘宇

图5-30 刘宇

图5-31 刘宇

图5-32 刘宇

图5-33 刘宇

图5-34 刘卉铭

图5-35　李磊

图5-36　李磊

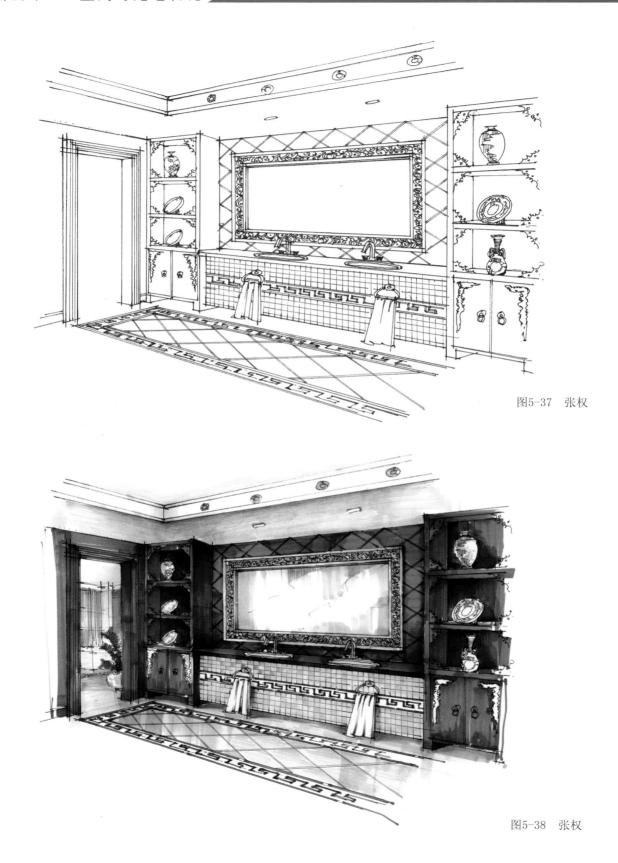

图5-37 张权

图5-38 张权

图5-39　张权

图5-40　张权

图5-41　刘宇

图5-42　刘宇

图5-43 郭丹丹

图5-44　金毅

图5-45　金毅

图5-46　张权

图5-47　张权

图5-48　金毅

图5-49　许韵彤

图5-50　田永茂

图5-51 张权

图5-52 周亚丽

图5-53　刘宇

DESIGN
AND EXPRESSION

03

建筑马克笔表现

许韵彤 编著

目　录
CONTENTS

前　言
PREFACE

　　手绘设计表达一直是设计师、设计专业的学生学习分析、记录理解、表达创意的重要手段，其重要性体现在设计创意的每一个环节，无论是构思立意、逻辑表达还是方案展示，无一不需要手绘的形式进行展现。对于每一位设计专业的从业者，我们所要培养和训练的是表达自己构思创意与空间理解的能力，是在阅读学习与行走考察中专业记录的能力，是在设计交流中展示设计语言与思变的能力，而这一切能力的养成都需要我们具备能够熟练表达的手绘功底。

　　由于当下计算机技术日益对设计产生重要的作用，对于设计最终完成的效果图表达已经不像过去那样强调手头功夫，但是快速简洁的手绘表现在设计分析、梳理思路、交流想法和收集资料的环节中凸显其重要性，另外在设计专业考研快题、设计公司招聘应试、注册建筑师考试等环节也要求我们具备较好的手绘表达能力。

　　本套丛书的编者都具备丰富的设计经验和较强的手绘表现能力，在国内专业设计大赛中多次获奖，积累了大量优秀的手绘表现作品。整套丛书分为《手绘设计——草图方案表现》《手绘设计——室内马克笔表现》《手绘设计——建筑马克笔表现》《手绘设计——景观马克笔表现》。内容以作品分类的形式编辑，配合步骤图讲解分析、设计案例展示等的环节，详细讲解手绘表现各种工具的使用方法、不同风格题材表现的技巧。希望此套丛书的出版能为设计同仁提供一个更为广阔的交流平台，能有更多的设计师和设计专业的学生从中有所受益，更好地提升自己设计表现的综合能力，为未来的设计之路奠定更为扎实的基础。

刘宇

2012年12月于设计工作室

一、建筑手绘马克笔表现工具的绘制方法

　　马克笔也称"麦克笔"，马克笔色彩丰富，能快速表现设计意图，是进行建筑设计和景观设计快速表现的重要工具。绘图时一般常用钢笔或针管笔画轮廓造型，再使用马克笔着色。马克笔常与彩色铅笔结合，通过彩铅的细腻与马克笔的粗犷来增强画面的空间效果和质感。

　　马克笔的种类主要有水溶性马克笔、油性马克笔和酒精性马克笔。油性马克笔笔触较小，溶于甲苯和松香水，可以用其来润色，边缘线容易化开，比较难控制，适合大面积的平涂。

（一）马克笔的表现要领

1．用笔的技巧

　　马克笔色彩比较透明、笔头较粗，笔尖可画细线，斜画可画粗线，类似美工笔用法，可以随着握笔角度的调整控制笔尖的粗细变化，线条灵活。着色时由浅及深，通过点、线、面的结合来表现画面。用笔要干脆果断，讲究章法，力求刚直，注重顺序，尽量避免重复和修改线条。常用的排线方式为平行排列方式，笔触重叠时会有明显的压痕，注意相互笔触之间既要统一又要有一定的变化。另外，利用单色表示明度的变化效果时，可以利用笔触由粗到细不断调整笔头的角度，体现过渡效果（图1-1-1）。

图1-1-1　许韵彤

2．色彩的选用

马克笔的色彩型号很多，但由于其颜色只能叠加而无法像水彩那样进行融合，所以很难产生细腻、微妙的层次变化。色彩也不宜反复叠加，否则画面会显灰且零乱。所以马克笔更着重表现的是固有色的关系。因为草图或速写表现图对于画面的细致深入要求不高，许多设计师都会选用马克笔来绘制。在实际表现过程中多使用一些中性偏灰色的颜色来表现，局部再点缀鲜艳的色彩控制画面的色彩对比关系，保证画面的统一性（图1-1-2）。

图1-1-2　刘宇

3．疏密的控制

马克笔的局限性体现在不适于大面积着色和细部的表现，而优势是快速便捷，所以在上色时无须面面俱到。在主体内容有所表现外其余不重要的部位点到为止，甚至可以留白，不着任何颜色。这样最终形成的效果反而轻松，层次关系明确，切忌满涂而造成画面压抑不透气（图1-1-3）。

4．马克笔的主要表现手法

（1）并置法　将笔触并列排置。

（2）重叠法　将马克笔笔触重复叠加排列线条。

（3）叠彩法　将不同色彩的马克笔重叠排列线条，形成丰富的色彩效果。

（二）徒手表现容易出现的问题

初学徒手绘画往往有两种倾向，一是只注重看书而疏于动手；另一种则忙于埋头作画，而不善于总结自己感受和旁人的经验，这都不是高效的学习方式。徒手画表现是理论和实践紧密结合的统一体，其中大量的实践又是重中之重。这是一个相互推动、相互促进的学习研究过程。在徒手表现时常会出现一些问题，归纳起来主要表现为：

（1）构图的问题表现为构图呆板，主体不明确，缺乏层次。

（2）透视的问题主要有远近不分、物体变形。

（3）比例的问题没有把握好各物体之间的大小比例关系，不符合正常的视觉习惯要求。

（4）表现的问题主要有结构交代不清，线条不流畅，反复涂改，色彩含混，主次颠倒，画面不够整洁等。

图1-1-3　郭丹丹

二、建筑空间线稿表现分析

图2-1　刘永喆

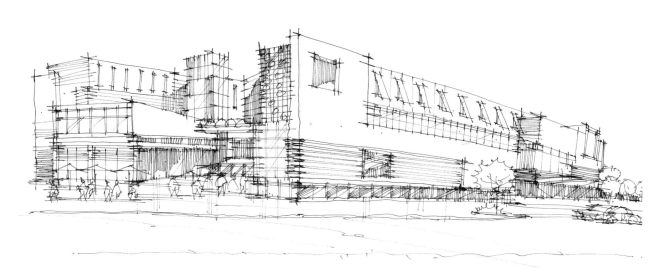

图2-2　刘永喆

图2-3　周亚丽

图2-4　周亚丽

图2-5　周亚丽

图2-6　刘永喆

图2-7　刘永喆

图2-8　王曼琳

图2-9 王曼琳

图2-10 张继悦

图2-11　张权

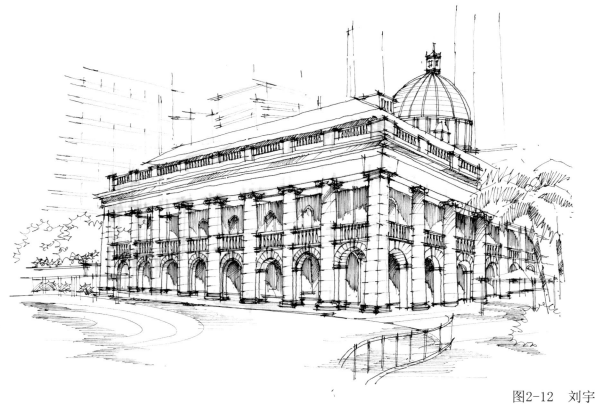

图2-12　刘宇

图2-13　耿丽雯

图2-14 耿丽雯

三、建筑空间单色表现分析

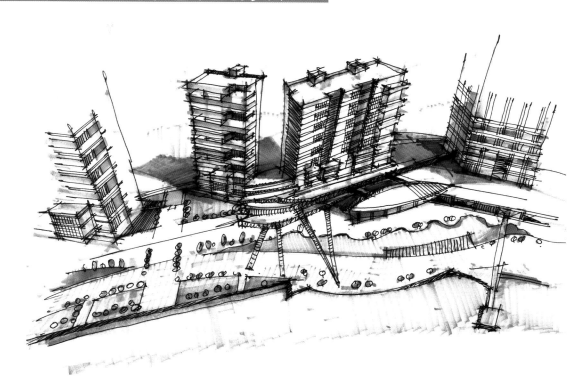

图3-1　刘宇

图3-2　刘宇

图3-3 刘宇

图3-4 刘宇

图3-5　刘宇

四、建筑空间表现步骤图技法图解

（一）建筑空间表现步骤图技法图解1

步骤一：

别墅建筑是表现技法中不可缺少的类型，图例具有古典建筑与现代建筑结合的特点。既有现代建筑设计中功能分区的布局，也有古典建筑中的立面造型。可以成为手绘爱好者平时练习的一个题材。

建筑空间表现步骤图技法图解4-1-1

本图中采用尺规作图的方式，画面大的结构肯定到位，线条有力，结构转折清晰。而画面的小结构以及材质、纹理、光影的变化表现灵活多变，可用细腻的线条刻画建筑的转折关系。

步骤二：

选用冷灰色系的马克笔，用排笔的笔触将建筑的主体外立面颜色着重，注意笔触的整齐。此时可不考虑画面的明暗，以表现大底色为主。

建筑空间表现步骤图技法图解4-1-2

步骤三：

开始加重建筑的明暗对比关系，马克笔的颜色可再重一些。加强建筑主体的体积感与厚重感。同时，不要破坏画面中偏亮的色彩，使画面保持色彩的响亮。

建筑空间表现步骤图技法图解4-1-3

步骤四：

用暖绿色的彩色铅笔对画面的草坪进行渲染，应注意彩色铅笔用笔涂抹的方向，并对植物映射在建筑玻璃上的反光进行描绘，整体颜色倾向以暖绿为主。

步骤五：

用马克笔的绿色系将建筑背景的植物进行着色。注意前后植物的明暗关系，尽量以整为宜，从而烘托出主体建筑。最后我们再选用亮丽的色彩对画面前景植物进行点笔渲染，活跃整体画面。

建筑空间表现步骤图技法图解4-1-4

建筑空间表现步骤图技法图解4-1-5

（二）建筑空间表现步骤图技法图解2

建筑空间表现步骤图技法图解2——实景照片

步骤一：

这个图例中的建筑具有古典主义的建筑风格，给人一种古朴的美感。在绘制的时候应该注重古朴气氛的塑造。我们在画图之前要对塑造重点进行分析，分出主次关系，有利于画面层次的营造。这个

建筑空间表现步骤图技法图解4-2-1

建筑的主体为砖红色，所以用棕颜色的彩铅进行概括性的上色，同时把配景的颜色也用绿色彩铅笔做一些铺垫工作。这样给整张画面定一个大的色调关系。

步骤二：

绘制过程中继续围绕建筑物主体砖红色的特点进行绘制。用马克笔在彩铅的基础上对建筑绘制的时候，采用扫笔的方法把建筑物立面的光感表现出来。同时用暖灰的颜色（如WG3、WG5）对建筑立面的层次进行刻画，随后把建筑物里边的配景铺上大致颜色。

建筑空间表现步骤图技法图解4-2-2

步骤三：

　　这一步我们继续深入建筑主体的表现，并将配景植物进一步刻画，增加配景的层次感。塑造建筑主体光影的变化，同时强调建筑主体结构关系。随后加强前端雕塑和建筑主体的空间关系，并把建筑两侧的建筑概括地表现一下。

建筑空间表现步骤图技法图解4-2-3

步骤四：

　　这一步对整个画面的整体色调进行调整和完善。用彩铅笔添加天空的颜色，对主体建筑进行进一步的烘托。再加上近端配景的颜色，并增加建筑前面人物的颜色。这样使画面更加活跃，并加强了建筑主体和前景的空间层次感。

建筑空间表现步骤图技法图解4-2-4

（三）建筑空间表现步骤图技法图解3

建筑空间表现步骤图技法图解3——实景照片

步骤一：

首先我们采用0.2～0.5的勾线笔根据图例进行勾线，在勾这张线稿的时候首先要考虑建筑主体和水景的比例关系，而且把建筑主体的硬线条和水体等配景的软线条有机地组织起来。用软硬线条对比的方法进行刻画，使画面中建筑主体更加明确。

建筑空间表现步骤图技法图解4-3-1

步骤二：

这一步我们先用三种蓝颜色的彩铅对建筑主体和水体进行较大面积的绘制，并用绿色的彩铅对部分配景进行绘制。我们这样做可以第一时间给画面定下来一个大体色调。

建筑空间表现步骤图技法图解4-3-2

步骤三：

在接下来绘制的过程中根据景物的冷暖关系用暖灰色马克笔进行快速归纳。一定要注意用笔的速度，用颜色把建筑部分的暗部刻画出来，从而塑造建筑主体的空间层次（会用到WG1、WG3、WG5）。

建筑空间表现步骤图技法图解4-3-3

步骤四：

最后一步对图纸的整体进行调整和完善。增加建筑的明暗对比，使建筑的层次感和空间感进一步加强。继续添加天空的颜色和层次，为建筑主体起到更好的烘托作用。配景部分加一些冷灰和灰绿色，使配景和建筑的层次更加分明，从而达到较好的画面效果。

建筑空间表现步骤图技法图解4-3-4

（四）建筑空间表现步骤图技法图解4

建筑空间表现步骤图技法图解4——实景照片

步骤一：

这个建筑的线稿处理应该注意建筑各个部分之间的穿插关系，并对主塔楼的细节进行细致刻画，做到疏密结合塑造这个主体建筑。建筑前端也进行较精细的刻画，使画面从线稿阶段就做出较好的层次感。

建筑空间表现步骤图技法图解4-4-1

步骤二：

我们根据参考图片的特点对画面进行分析。这张图的特点是光感比较突出，建筑物受光面和暗部对比比较明显。所以我们先把建筑物的基本颜色用暖颜色的彩铅在暗部进行大体的绘制，先营造出一个大的颜色环境。

建筑空间表现步骤图技法图解4-4-2

步骤三：

在这一步的绘制过程中，根据景物光线的特点用彩铅和马克笔进行绘制，加上相应的冷暖关系，力求通过投影和阳光的颜色把建筑物上受光的感觉表现出来。同时把建筑物顶端的天空大体铺上颜色（会用到马克笔WG3、WG5、CG2、CG4），对建筑主体起到一些衬托作用。

步骤四：

接下来对图中建筑的结构和光影变化进行进一步的刻画，通过加强明暗对比，使主体建筑的穿插关系更加明确，光感也更强烈。把建筑物的空间感觉和光感做到位。接下来继续刻画天空，用比较粗糙的笔触把天空白色的云朵和蓝天的感觉表现出来。

建筑空间表现步骤图技法图解4-4-3

建筑空间表现步骤图技法图解4-4-4

五、建筑空间手绘表现专题点评

（一）建筑空间手绘表现专题点评1

画面中出现的问题（图5-1-1）

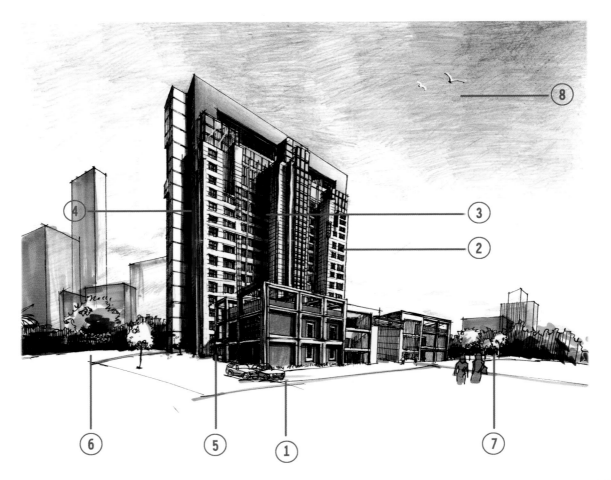

图5-1-1　李娇

（1）画面的基线透视效果不准确，过于靠上，高于人的正常视点。

（2）建筑立面的窗户透视不准确，比例大小错位，没有体现出建筑受光面的层次变化。

（3）建筑主体立面的结构层次刻画得不准确，细部的刻画过于繁杂。光影的刻画过于死板，缺少渐变的层次关系。

（4）建筑左侧的边界线画得过于实，此部分应该放松。同时应该注重反光的处理，使建筑从上到下有空间的延伸。

（5）建筑主立面前面的群楼透视出现变形，暗部的光影画得过重，没有很好地体现建筑框架的层次关系。

（6）建筑主体的背景植物群与地面相交的边界线应该虚化，拉开与前面建筑的空间层次。

（7）画面右侧的植物配景应该做细化处理，简单概括，使画面的空间感有所加强。

（8）天空处理的笔触花乱，没有很好地体现出天空的层次关系。

画面调整的具体方法（图5-1-2）

（1）　画面的基线透视效果绘制准确，符合人的正常视点。

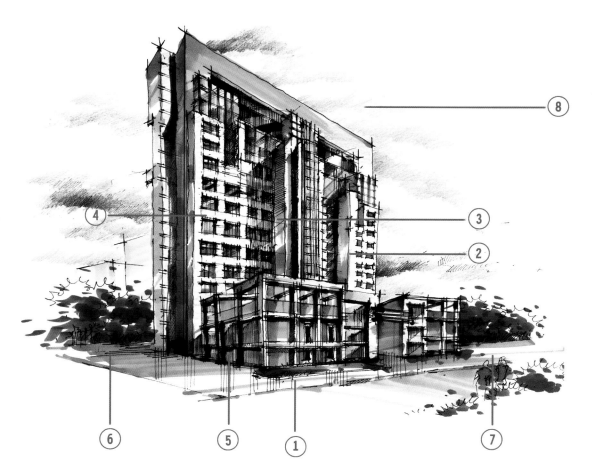

图5-1-2　张权

（2）建筑立面的窗户透视准确，比例协调，较好地体现出建筑受光面的层次变化关系。

（3）建筑主体立面的结构层次刻画准确，细部的刻画疏密有秩。光影的刻画生动灵活，层次关系明显。

（4）建筑左侧的边界线画得比较放松，同时反光的处理灵活到位，使建筑从上到下有空间的延伸感。

（5）建筑主立面前面的群楼透视准确，暗部的光影进行了生动刻画，很好地体现了建筑框架的层次关系。

（6）建筑主体的背景植物群与地面相交的边界线进行了很好的虚化，拉开了与前面主体建筑的空间层次。

（7）画面右侧的植物配景简单概括，使画面的空间感有所加强。

（8）天空处理的笔触放松且生动，很好地体现出天空的层次关系。

（二）建筑空间手绘表现专题点评2

画面中出现的问题（图5-2-1）

（1）建筑的两个立面区分得过于明显，缺少过渡颜色，使得材质的对比过于强烈。

（2）建筑立面外侧的钢结构框架材质表现不准确，用笔拖泥带水，没有很好地体现出光影和材质的变化，同时投影刻画得过于琐碎。

（3）建筑结构的光影应该注重层次的变化，应选用马克笔用扫笔的方式进行表现，通过笔触的虚实体现光影的渐变关系。

（4）建筑暗部逆光面在表现时应注重冷暖变化，应与整体画面的色调相统一，反光不宜过亮。

（5）配景颜色用色表现得过于单一，缺乏层次，应选用灰绿色进行表现。

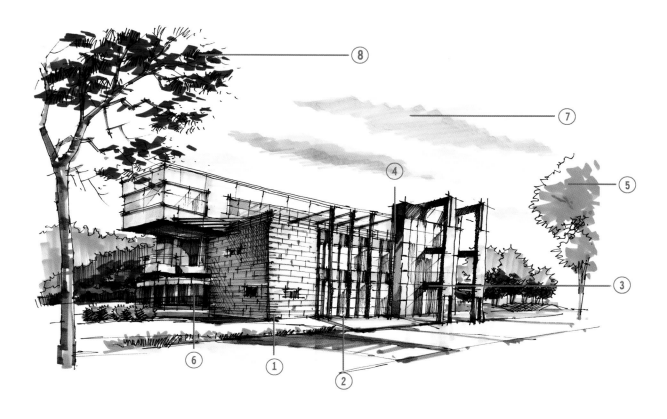

图5-2-1　张洪

（6）在进行表现建筑立面暗部的玻璃体结构时，应降低纯度对比，同时刻画出玻璃体内部的结构细节。

（7）表现天空的过程中，笔触运用过于死板，缺乏层次感。可以采用彩铅笔进行刻画。

（8）近端的植物颜色过于单一，笔触过于凌乱，应该采取两到三种颜色的灰绿色进行绘制，使前景对主体建筑进行较好的衬托作业。

画面调整的具体方法（图5-2-2）

（1）建筑的两个立面区分适度，材质颜色表现准确。

（2）建筑立面外侧的钢结构框架材质表现准确，用笔流畅，很好地体现出光影和材质的变化，同时投影刻画得恰到好处。

（3）建筑结构的光影注重了层次的变化，选用马克笔扫笔的方式进行表现，通过笔触的虚实体现出光影的渐变关系。

（4）建筑暗部逆光面在表现时注重了冷暖变化，与整体画面的色调相统一，反光进行了适度表现。

（5）配景颜色用色表现得灵活生动，增加了画面的层次。

（6）表现建筑立面暗部的玻璃体结构时，用色准确，同时刻画出了玻璃体内部的结构细节。

（7）表现天空的过程中，笔触运用灵活生动，富有层次感，采用了彩色铅笔进行刻画。

（8）近端的植物颜色丰富，笔触生动灵活，运用了灰绿色进行绘制，使前景对主体建筑进行较好的衬托。

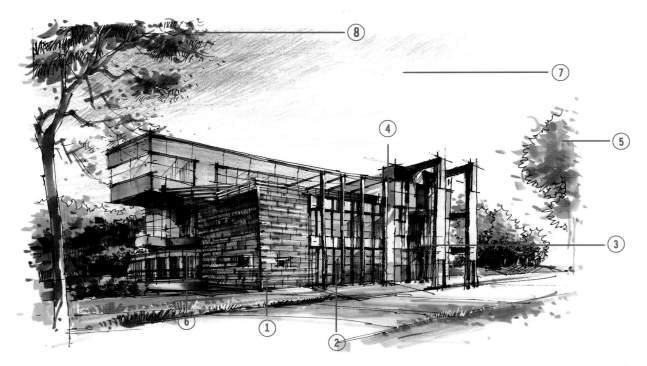

图5-2-2　石岩

图5-2-3

（1）建筑中心立面的转折刻画有些生硬，对质感的表现不准确。

（2）颜色的冷暖运用不准确，对于光源的变化分析不充分。

（3）笔触拖沓，没能表现好建筑立面的玻璃质感。

（4）建筑背光面的反光效果过于花乱，如果能把纯度和明度降一度效果会比较好。

（5）建筑物内部光影部分的颜色不够深，没能很好地塑造出建筑物的空间感。

（6）绿植刻画得过于简单，层次感较差。

（7）天空刻画得如果再深入些，就能使整张效果图的效果更加丰满。

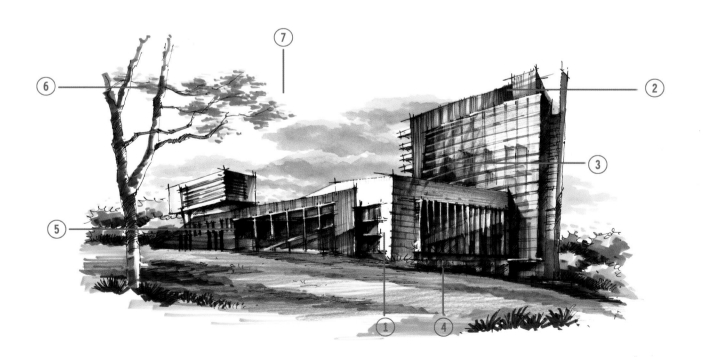

图5-2-3　王萌鑫

图5-2-4

（1）建筑中心立面的转折刻画自然，对质感和光线的表现准确到位。

（2）建筑的整体色调把握准确，效果统一自然。

（3）笔触运用自然，很好地表现了建筑物各部分的质感。

（4）建筑背光面的处理自然概况，很好地表现了建筑和地面的前后关系。

（5）建筑物内部光影部分的颜色处理到位，很好地营造出了建筑的空间关系。

（6）绿植刻画到位，为画面的完整起到一个重要的作用。

（7）天空用水彩的技法绘制而成，使画面更加生动丰满。

图5-2-4　张权

图5-2-5

（1）建筑主立面的刻画颜色果断，光感刻画到位，冷暖区分明确。

（2）建筑暗部的冷暖关系明确，很好地塑造出建筑的结构。

（3）颜色略显生动灵活，玻璃透亮的质感塑造到位。

（4）建筑内部的投影刻画到位，能很好地对内部空间进行表现。

（5）很好地表现了建筑前段的质感，光影塑造也很到位。

（6）亲水平台的光感和木质材质的表现都比较到位。

（7）通过天空的塑造，把整幅画面的气氛渲染得洒脱生动。

图5-2-5　张权

图5-2-6

（1）建筑主立面的刻画颜色有些花乱的感觉，光感不强。

（2）建筑暗部的冷暖关系不明确。

（3）颜色略显轻飘，质感的塑造没有到位。

（4）建筑内部的投影颜色不够重，没能很好地对内部空间进行表现。

（5）受光的感觉塑造得不理想，质感的塑造不到位。

（6）亲水平台的光感和材质没有很好地表现出来。

（7）天空塑造得比较死板，颜色感觉有些脏。

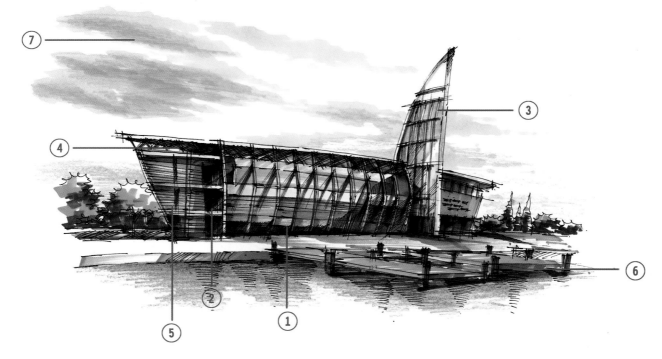

图5-2-6　杨嘉茗

六、建筑空间色彩表现分析

图6-1　刘宇

图6-2　李磊

图6-3 刘宇

图6-4　刘宇

图6-5　刘宇

图6-6 张权

图6-7　贾晓静

图6-8　刘永喆

图6-9　许韵彤

图6-10　陈婷婷

图6-11　李壬

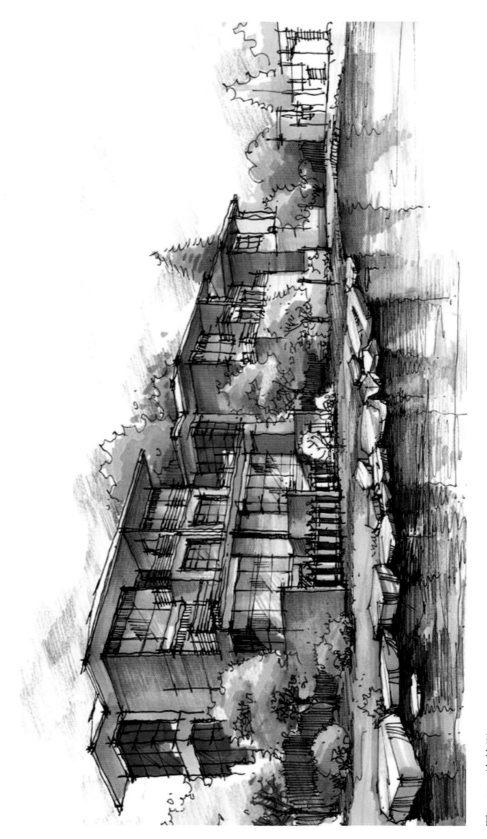

图9-12 沿街绿化

图6-13　张文

图6-14　许韵彤

图6-15 刘宇

图6-16　刘宇

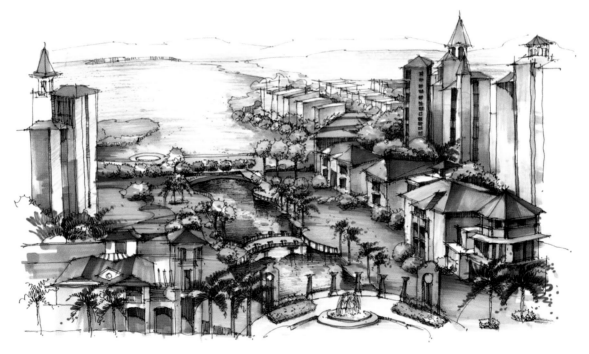

图6-17　许韵彤

图6-18　金毅

图6-19　李磊

图6-20　周婕

图6-21 许韵彤

图6-22　秦英荣

图6-23　许韵彤

图6-24 刘宇

图6-25　苗瀚云

图6-26　程倩

图6-27　金毅

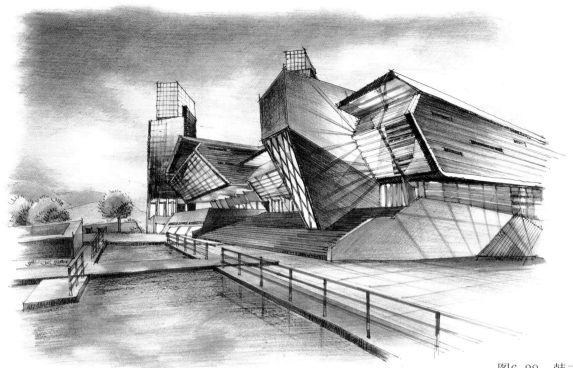

图6-28　韩志华

图6-29　田源

图6-30　夏嵩

图6-31　许韵彤

图6-32　张焕然

图6-33 街景步法

图6-34 许韵彤

图6-35 许韵彤

图6-36 许韵彤

图6-37 刘宇

图6-38　许韵彤　线稿　彭玉婷

图6-39　张权

图6-40　原康

图6-41　刘宇

图6-42 刘卉铭

图6-43 赵博

图6-44 临绘练习

图6-45 张权

DESIGN
AND EXPRESSION

04

景观马克笔表现

张权 编著

目　录
CONTENTS

前 言
PREFACE

　　手绘设计表达一直是设计师、设计专业的学生学习分析、记录理解、表达创意的重要手段，其重要性体现在设计创意的每一个环节，无论是构思立意、逻辑表达还是方案展示，无一不需要手绘的形式进行展现。对于每一位设计专业的从业者，我们所要培养和训练的是表达自己构思创意与空间理解的能力，是在阅读学习与行走考察中专业记录的能力，是在设计交流中展示设计语言与思变的能力。而这一切能力的养成都需要我们具备能够熟练表达的手绘功底。

　　由于当下计算机技术日益对设计产生重要的作用，对于设计最终完成的效果图表达已经不像过去那样强调手头功夫，但是快速简洁的手绘表现在设计分析、梳理思路、交流想法和收集资料的环节中凸显其重要性；另外，在设计专业考研快题、设计公司招聘应试、注册建筑师考试等环节也要求我们具备较好的手绘表达能力。

　　本套丛书的编者都具备丰富的设计经验和较强的手绘表现能力，在国内专业设计大赛中多次获奖，积累了大量优秀的手绘表现作品。整套丛书分为《手绘设计——草图方案表现》《手绘设计——室内马克笔表现》《手绘设计——建筑马克笔表现》《手绘设计——景观马克笔表现》。内容以作品分类的形式编辑，配合步骤图讲解分析、设计案例展示等环节，详细讲解手绘表现各种工具的使用方法，不同风格题材表现的技巧。希望此套丛书的出版能为设计同仁提供一个更为广阔的交流平台，能有更多的设计师和设计专业的学生从中有所受益，更好地提升自己设计表现的综合能力，为未来的设计之路奠定更为扎实的基础。

刘宇

2012年12月于设计工作室

一、景观手绘表现工具的绘制方法

景观手绘图所用的材料十分丰富，如果能够了解各种绘画材料的特性以及正确的表现方法和流程，对于初学者来说往往可以起到事半功倍的效果。选用何种材料由多种因素决定，如设计师的喜好、是构思草图还是正图、表现内容的需要，等等，常用的主要有以下一些工具。

（一）铅笔

铅笔是目前最常用的绘图工具，品种丰富且具有很强的表现力。铅笔在手绘表现中主要分单色铅笔画和彩色铅笔画。其中前者主要是表现其黑白关系，后者在此基础上又增加了色彩关系，更加形象和生动。

手绘的表现形式多种多样，其中单色是黑白表现的一种类型。铅笔的技法主要来自于绘画领域，在表现形式和风格上具有独特的魅力。铅笔的型号一般被分为13种，即从6H～6B型。HB为中性、H～6H为硬性铅笔，B～6B为软性铅笔。体现在纸面上就是轻与重的关系，我们在练习中常用的是2B铅笔。另外，还有一种较为高级的绘图专用铅笔，常用粗细为2.0，十分适合草图方案的绘制（图1-1）。

图1-1 作者：张权

图1-2 作者：张权

利用铅笔进行黑白表现的风格主要有两种形式：

素描形式：素描可以通过利用黑、白、灰的明暗关系来增强视觉冲击力。表现物体的主次、远近，体现层次变化和节奏关系，从而进一步表现质感、肌理、光感等。素描表现形式比较侧重于排线的效果，画面的主要内容需要重点刻画，其余部分可以适当省略。其明暗虚实关系和光影效果可以不必像纯绘画那样真实和强烈，而是更注重内容的表现和画面统一完整，以体现特有的徒手景观绘画效果。另外，在笔法上追求流畅自如、软硬结合，而不必刻意强调线条的曲直，可以采用连笔的技法（图1-2）。

线描形式：线描是以勾线形式进行手绘表现的形式，以体现画面内容的主要结构和形态为目的，常先用铅笔打底稿，然后再用绘图笔描摹完成。适合着色表现，是一种十分常见的黑白表现形式（图1-3）。

（二）彩色铅笔

彩色铅笔是一种十分简便快捷的手绘工具。其色彩丰富，携带方便，表现快速而简洁，线条感

图1-3 作者：刘宇

图1-4 作者：张权

强，可徒手绘制，也有靠尺排线，技法难度不大容易掌握（图1-4）。

彩色铅笔分为水溶性与蜡质两种。其中水溶性彩色铅笔较常用，它具有溶于水的特点，与水混合具有浸润感，可以用小毛笔晕染，也可用手指擦抹出柔和的效果。彩色铅笔不宜大面积单色使用，否则画面会显得呆板、平淡，绘制时要注意虚实关系的处理和线条排列的美感。在实际绘制过程中，彩色铅笔往往与其他工具配合使用，如利用针管笔勾画景观空间轮廓，用彩色铅笔着色；与马克笔结合运用铺设画面大色调，再用彩色铅笔叠彩法深入刻画细部；或与水彩结合体现色彩退晕效果等。彩色铅笔的表现要领有以下一些方面：

用笔力度的掌控上许多使用者在用彩色铅笔绘制时往往觉得它的表现力不如其他工具来得醒目，如果处理不好甚至会觉得比较平淡，出现这种情况往往与彩色铅笔的特性有一定的关系。与普通铅笔相比彩铅的着纸性能较弱，因此，在绘制时要加大用笔的力度，加强明度的对比关系，从而体现彩色铅笔特有的表现魅力。当然，用笔力度的加强也不是一概而论的，要根据实际情况和具体的内容要求来区分不同的明度要求，使画面达到理想的效果（图1-5）。

笔触的运用法则：笔触是体现彩色铅笔表现效果的一个重要因素，在彩色铅笔的笔触运用时要讲究规律性和线条的方向感，特别是在表现大面积的色彩时，统一的线条使画面效果保持完整。但是在表现一些细部或小面积的色彩时，笔触的运用要随机应变，随形体的变化进行灵活的变动和调整（图1-6）。

利用彩色铅笔表现画面时，如果仅仅依靠大面积的排线往往会觉得过于单调，为了体现彩色铅笔丰富的色彩变化可以在大面积的单色里加入其他颜色进行调配补充，营造画面多层次、生动的效果。加入的颜色除了可以选用与主色类似的颜色之外，还可以选用有对比关系的颜色进行调和。在不影响色彩主次关系的前提下，利用色彩的冷暖关系烘托轻松、丰富的画面气氛（图1-7）。

彩色铅笔主要的表现手段有：

排线法运用彩色铅笔均匀地排列出铅笔线条，达到色彩一致的效果。

叠彩法运用不同色彩的铅笔排列线条，色彩可重叠使用，色彩变化较丰富。

水溶法利用水溶性彩色铅笔溶于水的特点，将彩色铅笔线条与水融合，达到退晕的效果，画面柔和，有类似于水彩的视觉效果。

（三）马克笔

马克笔是英文"MARKER"的音译，意为记号笔。笔头较粗，附着力强，不易涂改，它先是被广告设计者和平面设计者所使用，后来随着其颜色和品种的增加也被广大室内设计者所选用。目前市场较为畅销的品牌如日本的YOKEN、德国的STABILO、美国的PRISMA及韩国的TOUCH等。

马克笔按照其颜料不同的特征可分为油性、水性和酒精性三种。油性笔以美国的PRISMA为代表，其特点是色彩鲜艳，纯度较低，色彩容易扩散，灰色系十分丰富，表现力极强。酒精笔以韩国的TOUCH为代表，其特点粗细两头笔触分明，色彩透明，纯度较高，笔触肯定，干后色彩稳定，不易变色。水性笔以德国的STABILO为代表，它是单头扁杆笔，色彩柔和，层次丰富，但反复覆盖色彩容易变得浑

图1-5 作者：张权

浊，同时对绘图纸表面有一定的伤害。马克笔颜色种类十分丰富，可以画出需要的各种复杂、对比强烈的色彩变化，也可以表现出丰富的层次递进的灰色系。

图1-6 作者：许韵彤

图1-7 作者：许韵彤

二、景观空间线稿表现分析

图2-1 作者：贾小静

图2-2 作者：贾小静

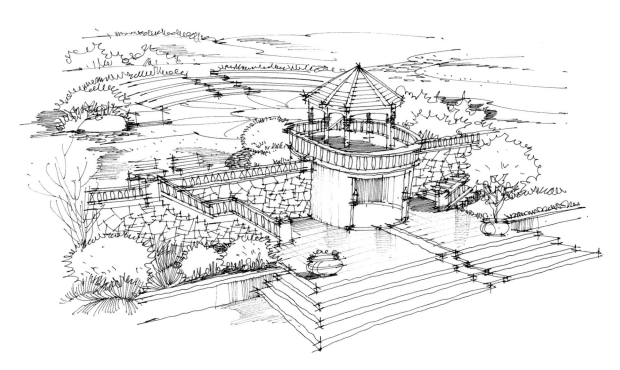

图2-3 作者：李磊

图2-4 作者：夏嵩

图2-5 作者：李磊

图2-6 作者：张权

图2-7 作者：张权

图2-8 作者：张权

三、景观空间表现步骤图技法图解

（一）景观空间表现步骤图技法图解

步骤一：首先针对此场景我们先选用0.3或0.5的勾线笔对此场景进行线稿的绘制。在塑造的过程中，应充分考虑画面的主次关系，尤其是对该场景起点睛作用的前景雕塑，我们应细致刻画，用较粗的线条勾出轮廓。而后面的植物应该以概括表现为主，衬托主体建筑，用密集的线条形成块面效果为好。主体建筑的线条表现应该注重大结构的空间关系，光影的处理应该注重线条的虚实处理，形成不同的建筑层次关系。

景观步骤图详解——实景照片

景观步骤图详解图3-1-1 作者：张权

步骤二：在上色之前应首先分析此场景，整个图片为暗色调空间，整体色调偏暖。因此选用较厚重的暖色系的韩国酒精马克笔T系列（如WG5、WG7）将建筑主体进行概括着色。在此过程中，应注意玻璃幕墙与室内灯光的融合，这方面的处理是个难点，尽量避免笔触太实，多采用扫笔等放松的笔触将室内的灯光描绘出来。与此同时，将背景植物加以简单的色彩，进行概括处理。

景观步骤图详解图3-1-2 作者：张权

步骤三：这一步我们将继续深入建筑主体的表现，并将背景植物加重。强调建筑受光的色彩变化，同时注意建筑主体结构与玻璃幕墙的虚实关系。中部草丛与地面起到分隔层次的作用，因此分别选用较重而偏冷的绿色以突出植物层次，选用冷而暗的冷灰色系塑造地面，从而营造暗色调空间。在运用马克笔时要注意笔法的流畅。

景观步骤图详解图3-1-3 作者：张权

景观步骤图详解图3-1-4 作者：张权

步骤四：进入画面的深入阶段，把配景的植物加以深化，注意前面起到框景作用的植物的刻画，用笔应松弛、疏密相间，同时注意前景与背景植物的冷暖关系以及地面的光影变化，加大整体画面的空间对比，形成较好的空间效果。

步骤五：调整画面，深入刻画。加强建筑的暗部颜色，着重刻画前景雕塑。用暖灰色系的马克笔（WG5）将雕塑的固有色涂上，再用较重的暖灰色彩的马克笔（WG8）将其暗部着重刻画，以体现雕塑的体积感，并顺势拉开前景与背景的关系。深化全图的光影与色彩关系，对整体环境进行渲染，营造较好气氛。整体画面处理要追求光影效果，画面尽量响亮，加强对比度，以增强空间的层次关系。

景观步骤图详解图3-1-5 作者：张权

（二）景观空间表现步骤图技法图解

步骤一：此景观的线稿应处理好主景树与其他配景的关系。将作为背景的建筑推到画面的后面，使其成为全图的底景。画面的重点应放在院落的主景树上，对其树根的穿插以及叶冠的明暗层次变化都应着重刻画；而对其他树应以概括的手法进行处理。同时注意光影的描绘，可增强画面的层次。

景观步骤图详解——实景照片

景观步骤图详解图3-2-1 作者：张权

步骤二：考虑此场景为夜景，主体光源为人工光源，因此对氛围的渲染尤为重要。首先，选用较重的暖灰色马克笔将建筑的屋檐涂重，同时对室内的灯光进行概括。灯光的色彩不应太强，以柔和为主。初步用彩色铅笔将植物的色彩进行概括。

景观步骤图详解图3-2-2 作者：张权

步骤三：对整体植物用马克笔开始着色，着重体现人工光源对于树冠明暗的变化，处理时选用较为暖的绿色刻画暗部，将画面大体的关系画出，笔触应干净利落，色彩应尽量避免过于艳丽。之后，用偏灰的绿色做出植物的灰面，亮部暂时留一些白或用一些偏亮的绿色稍微点缀。

景观步骤图详解图3-2-3　作者：张权

步骤四：全面深入整体画面，增强明暗对比度。注意对主景树明暗变化的刻画，地面的光影应给予加强。用较深的冷灰色系马克笔加重远山的色彩。初步用深蓝色的彩色铅笔给天空进行着色。笔触可粗糙一些，将大的云朵关系画出即可。

景观步骤图详解图3-2-4　作者：张权

　　步骤五：对画面整体场景进行调整。弱化室内灯光的颜色，深化天空的表现，增强空间层次。由于表现夜晚的天空不能选用单纯的蓝色，我们需要用一些暗紫或是黑色的彩色铅笔将天空加暗，丰富层次变化。地面草皮的颜色进一步用灰绿色调整，把地面的暖灰色系及两边的植物连接在一起。同时注重处理植物和建筑在地面上的光影关系，注重光影的冷暖变化，通过光影将画面中的物体较好地联系在一起。

景观步骤图详解图3-2-5　作者：张权

（三）景观空间表现步骤图技法图解

　　步骤一：首先采用一点透视的画法对该场景进行线稿的绘制。画面应充分考虑整体的层次变化，应大体概括空间关系，不应陷入局部的描绘。两岸的树木以较粗的自由曲线勾勒，而处于近景水面以及地面拼花、花草的姿态可详细刻画。注意线条的组合应在画面中形成近实远虚的关系。

景观步骤图详解——实景照片

景观步骤图详解图3-3-1　作者：张权

步骤二：按照空间视线的消失规律，我们首先选用偏冷的绿色马克笔将处于远景的树木着色。不要拘泥细节，马克笔的笔触应轻重快慢相结合。画面背景的楼群尽量用冷暖灰结合的方式描绘，使其推到远处。处于下面的低矮灌木应使用重颜色表现，使画面有较好的稳定感。

景观步骤图详解图3-3-2 作者：张权

步骤三：此阶段应全面上色。用较暖的绿色马克笔有节奏地将位于中景部分的树木画出。初步用彩色铅笔与马克笔结合的方式画出前后的水面。此步骤应注意树木本身的整体明暗色块关系，多用些大的笔触，按照植物的结构关系进行笔触塑造。前面草本植物的刻画应以整体块面为主，靠近前面的草丛可用一些亮的颜色，并且主观上用一些偏暖的绿色协调与远景树木的层次关系。

景观步骤图详解图3-3-3 作者：张权

步骤四：完成植物的大面积着色，着重刻画前后水面的空间关系。由于客观的图片中水面的色彩比较暗，颜色发脏，因此，我们主观上对其颜色进行调整，选用蓝色等冷色马克笔分层次进行表现。注意后面的水体应概括，整体偏暗，而处于前面的水面可刻画得多一些变化，画出周围树木以及岸边植物在水中的倒影。

景观步骤图详解图3-3-4 作者：张权

步骤五：调整整体关系。对岸边的材质及纹理的变化用马克笔的细头进行勾勒，深入刻画水面的色彩关系，注意冷暖的结合。用蓝色彩色铅笔渲染天空，完成画面。

景观步骤图详解图3-3-5 作者：张权

（四）景观空间表现步骤图技法图解

步骤一：该场景可采用线面结合的方式进行深入表现。由于光源的强烈照射，整体场景的明暗关系很强。应着重刻画前景与背景树木之间的层次变化，加大之间的空间对比。注意线条排列方向的多变，以及线与线结合成面的画面秩序感。而在强化画面结构的同时，有意识地表现该场景的光影变化，线条应细腻。对于地面以及建筑的纹理表现也不应忽略。

景观步骤图详解图3-4-1 作者：张权

步骤二：在线稿得到充分表现之后，开始对其进行着色。我们采用马克笔与彩色铅笔结合的方式，按照从远景到近景的顺序，用彩色铅笔将整体场景先涂上一层底色，加强画面大的空间关系。此过程应分清明暗关系，注重不同绿色植物之间的冷暖变化。

景观步骤图详解图3-4-2 作者：张权

　　步骤三：经过彩色铅笔的整体处理之后，开始用马克笔进行体块融合。选用冷绿色将植物的暗部画重，分出大的体块关系。由于马克笔一旦落笔不能涂改，尤其是在与彩色铅笔融合的时候，因此在塑造时笔触应快速，干净利落，做到心中有数。并且笔在纸面的停留时间也不易过长，以免产生笔触花乱的效果。

景观步骤图详解图3-4-3 作者：张权

景观步骤图详解图3-4-4 作者：张权

　　步骤四：进行全面深入表现的阶段。在加重树的暗部的同时，注意墙体与后面背景植物的虚实关系，背景植物色彩不应太跳，以绿灰和蓝灰为宜。近景树干的明暗对比应加强，以拉开前后对比关系。加强画面的光影关系，多采用对比色系。

　　步骤五：对画面进行综合调整，用较艳丽的色彩对花卉进行描绘，从而点亮整个空间。对于地面纹理的表现以及光照在建筑的光影变化都应加以重视，继续深化画面的对比关系。与此同时，用蓝色的彩色铅笔细致刻画天空，并丰富云层的关系，完成此画面的最终处理。

景观步骤图详解图3-4-5　作者：张权

（五）景观空间表现步骤图技法图解

步骤一：根据我们所选图片分析此景观为商业街区景观，建筑的表现成为画面的重点，因此在着色之前，先将场景的线稿绘出。考虑此景观的特性，我们采用比较简练的线条勾勒场景中的建筑轮廓。注意线条可放松些，画面中可多些人物来点缀场景。

景观步骤图——实景照片

景观步骤图详解图3-5-1　作者：张权

　　步骤二：在绘制线稿之后，我们开始对画面进行渲染。首先我们先用彩色铅笔将画面的主体建筑涂重，对整体场景的色调进行把控。在上色时应注意彩色铅笔用笔的方向以及有些地方可以留白，为马克笔的深入表现留出空间。在大体色调完成之后，可以进入深入表现的阶段。

景观步骤图详解图3-5-2 作者：张权

　　步骤三：该阶段开始采用马克笔，用概括的笔法将画面处于背景的建筑加重，要分出建筑本身的固有色以及受光源影响的亮面颜色，同时要注意建筑本身的体块关系，强调光源下的明暗对比。与此同时，顺势将两边的建筑概括地表现出来，在处理时边缘的笔触须谨慎进行表现。

景观步骤图详解图3-5-3 作者：张权

步骤四：加强明暗对比的变化，注意环境色的色彩变化，着重刻画背景建筑的材质以及纹理关系。尤其要将建筑玻璃幕墙的冷暖关系进行处理，使其有通透感。前后的枯树以及花草的颜色可厚重些，用利落的笔触概括。

景观步骤图详解图3-5-4　作者：张权

步骤五：进入全面调整画面的阶段，在大体色调不变的前提下，有些细节可以点亮画面，人物色彩的选择可丰富些，但仍要注意前后人物之间的层次关系。中间的水池可以刻画得细致一些，水柱的形状可用白色修正液来提亮。最后在用冷灰的颜色将人物以及其他物体的阴影进行收笔，最终调整完成画面。

景观步骤图详解图3-5-5 作者：张权

四、景观空间线稿、色稿对应表现

图4-1 作者：刘宇

图4-2 作者：刘宇

图4-3 作者：张权

图4-4 作者：张权

图4-5 作者：张权

图4-6 作者：张权

图4-7 作者：张权

图4-8 作者：张权

图4-9 作者：韦民

图4-10 作者：韦民

图4-11 作者：张权

图4-12 作者：张权

图4-13 作者：张权

图4-14 作者：张权

图4-15 作者：张权

图4-16 作者：张权

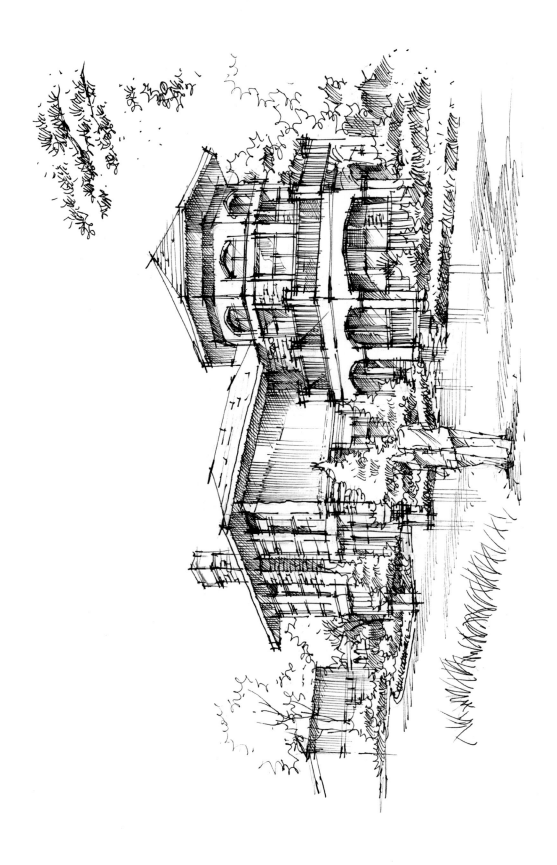

图4-17 作者：张权

图4-18 作者：张叔

图4-19 作者：张权

图4-20 作者：张权

图4-21 作者: 张权

图4-22 作者：张权

五、景观空间色彩表现分析

图5-1 作者：刘宇

图5-2 作者：许韵彤

图5-3 作者：许韵彤

图5-4 作者：许韵彤

header

图5-5 作者：刘永喆

图5-6 作者：夏嵩

图5-7 作者：许韵彤

图5-8 作者：张叔

图5-9 作者：李磊

图5-10 作者：张权

图5-11 作者：张叔

图5-12 作者：许韵彤

图5-13 作者：许韵彤

图5-14 作者：夏嵩

图5-15 作者：邢玮

图5-16 作者: 许韵彤

图5-17 作者：张权

图5-18 作者：张权

图5-19 作者：张叔

图5-20 作者: 张权

图5-21 作者：许韵彤

图5-22 作者：刘宇

图5-23 作者：许韵彤

图5-24 作者：刘永喆

图5-25 作者：张权

图5-26 作者：张权

图5-27 作者：刘宇